U0238767

金沙江白鹤滩水电站工程建设管理丛书

白鹤滩水电站
低热硅酸盐水泥应用

汪志林　陈文夫　孙明伦　等　著

中国水利水电出版社
www.waterpub.com.cn
·北京·

内 容 提 要

本书系统介绍了低热硅酸盐水泥（简称"低热水泥"）混凝土试验研究成果，并与中热硅酸盐水泥（简称"中热水泥"）混凝土性能进行了对比分析，提出了低热水泥的生产与质量控制要求，概括了混凝土生产质量管理方法与混凝土施工性能改进措施，详述了低热水泥在白鹤滩水电站全工程的应用及效果，总结了低热水泥及混凝土的性能与发展规律，形成了水电工程不同部位使用低热水泥混凝土的应用建议。本书为大体积混凝土温控防裂提供了崭新的技术方案，所取得的技术成果与实践经验可供相关工程参考借鉴。

本书内容全面、案例丰富、实践性强，可供水利水电行业专家学者、工程技术人员、高校师生等参阅。

图书在版编目（CIP）数据

白鹤滩水电站低热硅酸盐水泥应用 / 汪志林等著.
北京 ： 中国水利水电出版社，2025. 1. --（金沙江白鹤
滩水电站工程建设管理丛书). -- ISBN 978-7-5226
-3091-5

Ⅰ. TV752；TQ172.73
中国国家版本馆CIP数据核字第20258MH082号

书　　名	金沙江白鹤滩水电站工程建设管理丛书 **白鹤滩水电站低热硅酸盐水泥应用** BAIHETAN SHUIDIANZHAN DIRE GUISUANYAN SHUINI YINGYONG
作　　者	汪志林　陈文夫　孙明伦　等　著
出版发行	中国水利水电出版社 （北京市海淀区玉渊潭南路 1 号 D 座　100038） 网址：www. waterpub. com. cn E - mail：sales@ mwr. gov. cn 电话：(010) 68545888（营销中心）
经　　售	北京科水图书销售有限公司 电话：(010) 68545874、63202643 全国各地新华书店和相关出版物销售网点
排　　版	中国水利水电出版社微机排版中心
印　　刷	北京印匠彩色印刷有限公司
规　　格	184mm×260mm　16 开本　11.5 印张　280 千字
版　　次	2025 年 1 月第 1 版　2025 年 1 月第 1 次印刷
印　　数	0001—1000 册
定　　价	**108.00 元**

金沙江白鹤滩水电站工程建设管理丛书
编辑委员会

本 书 著 者

汪志林　　陈文夫　　孙明伦　　刘战鳌　　肖开涛　　李　洋

王　玮　　周孟夏　　黄明辉　　李将伟　　刘春风　　马忠诚

张　晖　　蒋　科　　张振忠　　张昺榴　　武苗苗　　王述银

黄仁阔　　上官方　　谭尧升　　曾　涛　　赵　强

丛书序一

　　白鹤滩水电站是仅次于三峡工程的世界第二大水电站，是长江流域防洪体系的重要组成部分，是促改革、调结构、惠民生的大国重器。白鹤滩水电站开发任务以发电为主，兼顾防洪、航运，并促进地方经济社会发展。

　　白鹤滩水电站从 1954 年提出建设构想，历经 47 年的初步勘察论证，2001 年纳入国家水电项目前期工作计划，2006 年 5 月通过预可研审查，2010 年 10 月国家发展和改革委员会批复同意开展白鹤滩水电站前期工作，同月工程开始筹建，川滇两省 2011 年 1 月发布"封库令"，2017 年 7 月工程通过国家核准，主体工程开始全面建设。2021 年 6 月 28 日首批机组投产发电，习近平总书记专门致信祝贺，指出："白鹤滩水电站是实施'西电东送'的国家重大工程，是当今世界在建规模最大、技术难度最高的水电工程。全球单机容量最大功率百万千瓦水轮发电机组，实现了我国高端装备制造的重大突破。你们发扬精益求精、勇攀高峰、无私奉献的精神，团结协作、攻坚克难，为国家重大工程建设作出了贡献。这充分说明，社会主义是干出来的，新时代是奋斗出来的。希望你们统筹推进白鹤滩水电站后续各项工作，为实现碳达峰、碳中和目标，促进经济社会发展全面绿色转型作出更大贡献！"2022 年 12 月 20 日全部机组投产发电，白鹤滩水电站开始全面发挥效益，习近平总书记在二〇二三新年贺词中再次深情点赞。

　　至此，中国三峡集团在长江干流建设运营的乌东德、白鹤滩、溪洛渡、向家坝、三峡、葛洲坝 6 座巨型梯级水电站全部建成投产，共安装 110 台水电机组，总装机容量 7169.5 万 kW，占全国水电总装机容量的 1/5，年均发电量 3000 亿 kW·h，形成跨越 1800km 的世界最大清洁能源走廊，为华中、华东地区以及川、滇、粤等省份经济社会发展和保障国家能源安全及能源结构优化作出了巨大贡献，为保障长江流域防洪、航运、水资源利用、生态安全提供了有力支撑，为推动长江经济带高质量发展注入了强劲动力。

从万里长江第一坝——葛洲坝工程开工建设，到兴建世界最大水利枢纽工程——三峡工程，再到白鹤滩水电站全面投产发电，世界最大清洁能源走廊的建设跨越半个世纪。翻看这段波澜壮阔的岁月，中国三峡集团无疑是这段水电建设史的主角。

三十年前为实现中华民族的百年三峡梦，我们发出了"为我中华、志建三峡"的民族心声，百万移民舍小家建新家，举全国之力，从无到有、克服无数困难，实现建成三峡工程的宏伟夙愿，是人类水电建设史上的空前壮举。三十载栉风沐雨、艰苦创业，在党中央、国务院的坚强领导下，中国三峡集团完成了从建设三峡、开发长江向清洁能源开发与长江生态保护"两翼齐飞"的转变，已成为全球最大的水电开发运营企业和中国领先的清洁能源集团，成为中国水电一张耀眼的世界名片。

世界水电看中国，中国水电看三峡。白鹤滩水电站工程规模巨大，地质条件复杂，气候恶劣，面临首次运用柱状节理玄武岩作为特高拱坝基础、巨型地下洞室群围岩开挖稳定、特高拱坝抗震设防烈度最高、首次全坝使用低热水泥混凝土、高流速巨泄量无压直泄洪洞高标准建设等一系列世界级技术难题，主要技术指标位居世界水电工程前列，综合技术难度为同类工程之首。白鹤滩水电站是世界水电建设的集大成者，代表了当今世界水电建设管理、设计、施工的最高水平，是继三峡工程之后的又一座水电丰碑。

近3万名建设者栉风沐雨、勠力同心鏖战十余载，胜利完成了国家赋予的历史使命，建成了世界一流精品工程，成就了"水电典范、传世精品"，为水电行业树立了标杆；形成了大型水电工程开发与建设管理范式，为全球水电开发提供了借鉴；攻克了一系列世界级技术难题、掌握了关键技术，提升了中国水电建设的核心竞争力；研发应用了一系列新理论、新技术、新材料、新设备、新方法、新工艺，推动了水电行业技术发展；成功设计、制造和运行了全球单机容量最大功率百万千瓦的水轮发电机组，实现了我国高端装备制造的重大突破；形成了巨型水电工程建设的成套标准、规范，为引领中国水电"走出去"奠定了坚实的基础；传承发扬三峡精神，形成了以"为我中华，志建三峡"为内核的水电建设文化。

从百年三峡梦的提出到实现，再到白鹤滩水电站的成功建设，中国水电从无到有，从弱到强，再到超越、引领世界水电，这正是百年以来近现代中国发展的缩影。总结好白鹤滩水电站工程建设管理经验与关键技术，进一步完善"三峡标准"，形成全面系统的水电工程开发建设技术成果，为中国水电事业发展提供参考与借鉴，为世界水电技术发展提供中国方案，是时代赋予三峡人新的历史使命。

中国三峡集团历时近两载，组织白鹤滩水电站建设管理各方技术骨干、专家学者，回顾了整个建设过程，查阅了海量资料，对白鹤滩水电站工程建设管理与关键技术进行了全面总结，编著"金沙江白鹤滩水电站工程建设管理丛书"共20分册。丛书囊括了白鹤滩水电站工程建设的技术、管理、文化各个方面，涵盖工程前期论证至工程全面投产发电全过程，是水电工程史上第一次全方位、全过程、全要素对一个工程开发与建设的全面系统总结，是中国水电乃至世界水电的宝贵财富。

中国古代仁人志士以立德、立功、立言"三不朽"为人生最高追求。广大建设者传承发扬三峡精神，形成水电建设文化，是为"立德"；建成世界一流精品工程，铸就水电典范、传世精品，是为"立功"；全面总结白鹤滩水电站工程管理经验和关键技术，推动中国水电在继往开来中实现新跨越，是为"立言"！

向伟大的时代、伟大的工程、伟大的建设者致敬！

曹鸣山

2023 年 12 月

丛书序二

古人言"圣人治世，其枢在水"，可见水利在治国兴邦中具有极其重要的地位。滔滔江河奔流亘古及今，为中华民族生息提供了源源不断的源泉，抚育了光辉灿烂的中华文明。

我国地势西高东低，蕴藏着得天独厚的水能资源，水电作为可再生清洁资源，在国民经济发展和生态文明保障中具有举足轻重的地位。水利水电工程的兴建不仅可以有效改善能源结构、保障国家能源安全，同时在防洪、抗旱、航运、供水、灌溉、减排、生态等方面均具有巨大的经济、社会和生态效益。

中华人民共和国成立之初，全国水电装机容量仅 36 万 kW。中华人民共和国成立 70 余年来，我国水电建设事业发生了翻天覆地的变化，取得举世瞩目的成就。截至 2022 年底，我国水电总装机容量达 4.135 亿 kW，稳居世界第一。其中，世界装机容量超过 1000 万 kW 的 7 座特大型水电站中我国就占据四席，分别为三峡工程（2250 万 kW，世界第一）、白鹤滩水电站（1600 万 kW，世界第二）、溪洛渡水电站（1386 万 kW，世界第四）和乌东德水电站（1020 万 kW，世界第七）。中国水电实现了从无到有、从弱到强、从落后到超越的历史性跨越式发展。

1994 年，三峡工程正式动工兴建，2003 年，首批 6 台 70 万 kW 水轮发电机组投产发电，成为中国水电划时代的里程碑，标志着我国水利水电技术已从学习跟跑到与世界并跑，跨入世界先进行列。

继三峡工程之后，中国三峡集团溯江而上，历时二十余载，相继完成了金沙江下游向家坝、溪洛渡、白鹤滩和乌东德 4 座巨型梯级水电站的滚动开发，实现了从设计、施工、管理、重大装备制造全产业链升级，巩固了我国在世界水利水电发展进程中的引领者地位。金沙江下游 4 座水电站的多项技术指标及综合难度均居世界前列，其中白鹤滩水电站综合技术难度最大、综合技术参数最高，是世界水电建设的超级工程。

白鹤滩水电站地处金沙江下游，河谷狭窄、岸坡陡峻，工程建设面临高坝、高边坡、高流速、高地震烈度和大泄洪流量、大单机容量、大型地下厂房洞室群"四高三大"的世界级技术难题；且工程地质条件复杂，地质断裂构造发育，坝基柱状节理玄武岩开挖、保护、处理难度极大，地下厂房围岩层间、层内错动带发育，开挖、支护和围岩变形稳定均面临诸多难题；加之白鹤滩坝址地处大风干热河谷气候区，极端温差大、昼夜温差变化明显，大风频发，大坝混凝土温控防裂面临巨大挑战。

白鹤滩水电站是当时世界在建规模最大的水电工程，其中 300m 级高坝抗震设计参数、地下洞室群规模、圆筒式尾水调压井尺寸、无压直泄洪洞群泄洪流量、百万千瓦水轮发电机组单机容量等多项参数均居世界第一。

自建设伊始，白鹤滩全体建设者肩负"建水电典范、铸传世精品"的伟大历史使命，先后破解了柱状节理玄武岩特高拱坝坝基开挖保护、特高拱坝抗震设计、大坝大体积混凝土温控防裂、复杂地质条件巨型洞室群围岩稳定、百万千瓦水轮发电机组设计制造安装等一系列世界性难题。首次全坝采用低热硅酸盐水泥混凝土，成功建成世界首座无缝特高拱坝；安全高效完成世界最大地下洞室群开挖支护，精品地下电站亮点纷呈；全面打造泄洪洞精品工程，抗冲耐磨混凝土过流面呈现镜面效果。与此同时，白鹤滩水电站全面推动设计、管理、施工、重大装备等全产业链由"中国制造"向"中国创造"和"中国智造"转型，并在开发模式、设计理论、建设管理、关键技术、质量标准、智能建造、绿色发展等多方面实现了从优秀到卓越、从一流到精品的升级，全面建成了世界一流的精品工程，登上水电行业"珠峰"。

从三峡到白鹤滩，中国水电工程建设完成了从"跟跑""并跑"再到"领跑"的历史性跨越。这样的发展在外界看来是一种"蝶变"，但只有身在其中奋斗过的人才明白，这是建设者们几十年备尝艰辛、历尽磨难后实现的全面跨越。从三峡到白鹤滩，中国水电成为推动世界水电技术快速发展的重要力量。白鹤滩建设者们经历了长时间的探索和深刻的思考，通过反复认知、求索、实践，系统梳理和累积沉淀形成了可借鉴的水电建设管理经验和工程技术，进而汇集成书，以期将水电发展的过去、当下和未来联系在一起，为大型水电工程建设和新一代"大国重器"建设者提供借鉴与参考。

"金沙江白鹤滩水电站工程建设管理丛书"全套共 20 分册，分别从关键技术、工程管理和建设文化等多维度切入，内容涵盖了建设管理、规划布置、质量管理、安全管理、合同管理、设备制造及安装等各个方面，覆盖大坝、地下电站、泄洪洞等主体工程，囊括了土建、灌浆、金属结构、机电、环保等多个专业。丛书是全行业对大型水电建设技术及管理经验进行全方位、全产业链的系统总结，展示了白鹤滩水电站在防洪、发电、航运及生态文明建设方面作出的巨大贡献。内容既有对特高拱坝温控理论的深化认知、卸荷松弛岩体本构模型研究等理论创新，也包含低热水泥筑坝材料、

800MPa 级高强度低裂纹钢板制造等材料技术革新，同时还囊括 300m 级无缝混凝土大坝快速优质施工、柱状节理玄武岩坝基及巨型洞室群开挖和围岩变形控制、百万千瓦水轮发电机组制造安装、全工程智能建造等施工关键核心技术。

丛书由工程实践经验丰富的专业技术负责人及学科带头人担任主编，由国内水电和相关专业专家组成了超强编撰阵容，凝聚了中国几代水电建设工作者的心血与智慧。丛书不仅是一套水电站设计、施工、管理的技术参考书和水利水电建设管理者的指导手册，也是一部三峡水电建设者"治水兴邦、水电报国"的奋斗史。

白鹤滩水电站的技术和经验既是中国的，也是世界的。我相信，丛书的出版，能够为中国的水电工作者和世界的专家同仁开启一扇深入了解白鹤滩工程建设和技术创新的窗口。期待丛书为推动行业科技进步、促进水电高质量绿色发展起到有益的作用。

作为中国水电事业的建设者、奋斗者，见证了中国水电事业的发展和历史性的跨越，我深感骄傲与自豪，也为丛书的出版而高兴。希望各位读者能够从丛书中汲取智慧和营养，获得继续前行的能量，共同推进我国水电建设高质量发展更上一个新的台阶，谱写新的篇章。

借此序言，向所有为我国水电建设事业艰苦奋斗、抛洒心血和汗水的建设者、科技工作者、工程师们致以崇高的敬意！

中国工程院院士

2023 年 12 月

序一

破解"无坝不裂"的世界性难题一直是坝工界孜孜追求的梦想，低热水泥的成功研发与应用终于使得这一梦想得以实现！

经过"九五"和"十五"持续科技攻关，我国成功自主研发了低热水泥，随后在三峡水利枢纽、向家坝水电站、溪洛渡水电站等大型水电工程局部试用。经过数十年对低热水泥及混凝土全面系统的试验研究、应用探索和科学论证，首次在白鹤滩水电站全工程成功应用，建成了300m级混凝土特高精品拱坝，实现了建设无裂缝大坝的宏伟目标，推动了筑坝材料的革新与发展，具有里程碑意义。

作者长期在水利水电工程一线从事混凝土研究工作，全程参与了低热水泥在三峡、溪洛渡、白鹤滩等大型水电工程中的应用，紧密结合工程实践，开展了大量试验研究工作，取得了许多令人振奋的成果。《白鹤滩水电站低热硅酸盐水泥应用》一书，系统总结了低热水泥混凝土研究成果及其在白鹤滩水电站全工程的应用实践，攻克了低热水泥在应用过程中的一系列技术难题，开辟了大体积混凝土温控防裂的全新技术途径，破译了建造300m级特高拱坝无裂缝精品的核心密码。

本书是工程参建各方数十年科学研究与应用实践的结晶，全书数据翔实、案例典型，是一本集科研、应用、管理为一体的实践著作，可供水利水电工程设计、施工、建设管理及科研人员借鉴与参考，也可供高校师生学习和参考。

中国水利水电科学研究院教授级高级工程师 甄永严

2025 年 1 月 8 日

序二

为解决大坝混凝土温控防裂难题，早在三峡水利枢纽工程建设初期，国内相关单位即开始研发低热水泥，经过科研、生产和工程技术人员数十年的"产学研用"联合攻关，终于研制出低热水泥，并在白鹤滩水电站全工程成功应用。欣闻《白鹤滩水电站低热硅酸盐水泥应用》专著即将出版，深感欣喜，乐为之序。

低热水泥具有放热速率慢、水化热低的特性，制备的混凝土具有低温峰、慢温升、高后期强度、高抗裂性、高耐久性等优点，以低热水泥为核心创建了混凝土温控防裂技术体系，高质量建成了无裂缝大坝、无缺陷镜面泄洪洞等精品工程，树立了水利水电行业标杆，创造了世界坝工奇迹，推动了筑坝材料的革新与发展，为世界水利水电工程建设提供了中国方案，贡献了中国智慧。

本书围绕"国之重器"的高质量建设需求，依托白鹤滩水电站工程开展了低热水泥生产及混凝土制备与应用关键技术研究；建立了从原材料、中间产品到成品的全过程精细化质量管控体系；在抑制高效减水剂缓凝成分分解、研发"分层调凝"提高施工质量和效率、研制抗冲磨高性能混凝土等新材料和新技术方面取得了一系列创新成果；制定了低热水泥生产及混凝土施工系列标准与规范。低热水泥在白鹤滩水电站全工程成功应用，为我国材料科学的进步做出了贡献，将我国筑坝技术水平提升到一个崭新的高度，必将对世界混凝土坝工设计与施工产生深远的影响。

历经数十年孜孜不倦的研究与实践，低热水泥及其混凝土的应用技术日臻完善，实现了行业引领。我国江河开发、国家水网工程、大规模抽水蓄能电站等水利水电工程建设方兴未艾，本书成果可为推动低热水泥在相关工程领域应用提供指引，助推我国基础设施建设高质量发展。

中国工程院院士 东南大学教授 刘加平

2025 年 1 月 8 日

前言

白鹤滩水电站是装机容量仅次于三峡水利枢纽工程的世界第二大水电站、100 万 kW 单机容量世界第一、工程技术综合难度位于世界前列的水电工程，是国家"西电东送"的骨干电源，是长江流域防洪体系的重要组成部分，是促改革、调结构、惠民生的大国重器。

白鹤滩水电站大坝为 300m 级混凝土特高双曲拱坝，坝址地质条件复杂，地处干热大风河谷，气候恶劣，大坝建设面临世界级挑战，如何提高坝体混凝土抗裂安全系数和避免出现温度裂缝是特高拱坝建设中必须解决的关键技术难题。如采用传统的技术手段和温度控制措施，特高拱坝坝体混凝土开裂风险大，为此需进一步从混凝土材料角度另辟蹊径，寻求新的解决方案。

低热水泥具有水化热低、放热速度慢、收缩小、抗裂性强、耐久性好等特性，是解决大体积混凝土温度裂缝问题的首选材料。在三峡水利枢纽工程、溪洛渡和向家坝水电站工程局部应用的基础上，经过长期系统研究与科学论证，首次在白鹤滩水电站全工程成功应用低热水泥，攻克了"无坝不裂"的世界难题，推动了筑坝材料的革新与发展。

在低热水泥全工程应用过程中，针对低热水泥、粉煤灰、外加剂等业主统供原材料，实行"五环联控"的质量管理；制定业主全过程把控的混凝土配合比审批制度，建立混凝土生产与仓面联动的微调机制；研发和应用试验检测信息管理系统，实现了混凝土质量从原材料、中间产品到成品的全过程精细化质量管控；制定低热水泥生产及低热水泥混凝土应用系列标准，形成了原材料和混凝土质量控制的成套企业标准，部分已上升为国家或行业标准。

攻关研制出了"低温升、微膨胀、高抗裂、高耐久"的大坝混凝土、"低温升、高强度、高抗裂"的无硅粉抗冲磨混凝土等系列高性能混凝土，并探明其性能发展规律；提出并成功实践了与金沙江干热河谷气候相适应的白鹤滩水电站工程混凝土生产与质量保障系列解决方案；系统揭示了低热水泥的水化产物、孔结构等微观结构及其演变规律；掌握了不同工程部位混凝土施工工艺与低热水泥混凝土性能发展规律的协调关系；保证了低热水泥混凝土施工质量、安全和进度，为白鹤滩水电站实现关键节点目标、建成传世精品工程、树立水利水电行业标杆奠定了坚实基础。

白鹤滩水电站全工程成功应用低热水泥，将大坝抗裂安全系数由 1.8 提高到 2.0；制定了低热水泥及混凝土系列标准，引领水利水电行业发展；研发成功应用水泥与减水剂适应性改进等一系列创新技术，推动了混凝土技术进步；开发和应用智能化试验检测信息管理系统，提高检测效率及公正性；建立全过程质量管控体系，提升管理水平；助力建成无裂缝大坝、镜面无缺陷泄洪洞等，树立行业标杆。

本书从低热水泥水化机理、性能及演化规律出发，围绕低热水泥混凝土性能、生产、施工、温度控制及质量管理等方面，全面总结了低热水泥在白鹤滩水电站全工程的应用成果，凝练了工程建设、设计、施工、监理、科研等参建各方的智慧，希望能为工程建设与科研人员提供借鉴和参考，也可供相关专业的师生参阅。

本书的出版得到白鹤滩水电站工程参建单位的大力支持，也获得了业内知名专家和学者的悉心指导，在此致以诚挚的感谢！

鉴于作者的学识和水平有限，书中的疏忽与不足之处在所难免，恳请读者不吝赐教、批评指正。

作者

2024 年 10 月

目录

第1章 绪论

白鹤滩水电站是装机容量仅次于三峡水利枢纽工程的世界第二大水电站、100 万 kW 单机容量世界第一、工程技术综合难度位于世界前列的水电工程,首次全工程应用低热硅酸盐水泥(以下简称"低热水泥"),建成世界一流精品工程,铸就"水电典范、传世精品",具有里程碑意义。本章介绍了白鹤滩水电站工程概况、低热水泥发展与应用历程、白鹤滩水电站全工程应用低热水泥的论证与决策和全书概要。

1.1 工程概况

1.1.1 地理位置

白鹤滩水电站是金沙江下游四座梯级电站的第二级,位于四川省宁南县和云南省巧家县境内。距上游乌东德水电站约 182km,距下游溪洛渡水电站约 195km。白鹤滩坝址控制流域面积 43.03 万 km^2,占金沙江流域面积的 91.0%,多年平均流量 4170m^3/s,多年平均径流量 1315 亿 m^3。

坝区属中山峡谷地貌,地势北高南低,向东侧倾斜。左岸为大凉山山脉东南坡,山峰高程 2600.00m,整体上呈向金沙江倾斜的斜坡地形;右岸为药山山脉西坡,山峰高程在 3000.00m 以上,主要为陡坡与缓坡相间的地形。坝区主要出露二叠系上统峨眉山组玄武岩,上覆三叠系下统飞仙关组砂、泥岩。坝址区峨眉山组玄武岩根据喷发间断共划分为 11 个岩流层,各岩流层自下而上一般为斑状玄武岩、隐晶玄武岩、杏仁状玄武岩、角砾熔岩、凝灰岩。白鹤滩坝基地质条件复杂,柱状节理是其独有特征。坝址 11 个岩流层顶部凝灰岩均有不同程度的构造错动,在各岩流层内,发育大量层内错动带,约占 47%。左岸发育程度高于右岸,其中柱状节理玄武岩内层内错动带最为发育。

工程地处亚热带季风区,属典型的金沙江干热河谷大风气候。多年平均气温 21.9℃,极端最高气温 42.7℃,极端最低气温 0.8℃,极端气温温差大、昼夜温差变化明显;大风频发,常年 240d 以上出现 7 级以上大风;多年平均年降雨量 733.4mm,多年平均年蒸发量 2231.4mm,多年平均相对湿度 66%,干湿季节分明。

1.1.2 工程定位

白鹤滩水电站是当今世界规模最大、技术难度最高的水电工程,是仅次于三峡工程的世界第二大水电站,是国家"西电东送"的骨干电源,是长江流域防洪体系的重要组成部分,是促改革、调结构、惠民生的大国重器。

电站开发任务以发电为主，兼顾防洪、航运，并促进地方经济社会发展。

全球装机容量前十二的水电站（截至 2022 年年底）见图 1.1-1，白鹤滩水电站工程全景图见图 1.1-2。

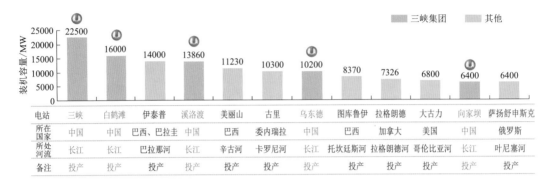

	三峡集团 其他

电站	三峡	白鹤滩	伊泰普	溪洛渡	美丽山	古里	乌东德	图库鲁伊	拉格朗德	大古力	向家坝	萨扬舒申斯克
装机容量/MW	22500	16000	14000	13860	11230	10300	10200	8370	7326	6800	6400	6400
所在国家	中国	中国	巴西、巴拉圭	中国	巴西	委内瑞拉	中国	巴西	加拿大	美国	中国	俄罗斯
所处河流	长江	长江	巴拉那河	长江	辛古河	卡罗尼河	长江	托坎廷斯河	拉格朗德河	哥伦比亚河	长江	叶尼塞河
备注	投产	投产	投产	投产	投产	投产	投产	投产	投产	投产	投产	投产

图 1.1-1　全球装机容量前十二的水电站（截至 2022 年年底）

（a）全景图1　　　　　　　　　　　　　　　　（b）全景图2

图 1.1-2　白鹤滩水电站工程全景图

1.1.3　技术难度

白鹤滩水电站工程规模巨大，地质条件复杂，气候恶劣，面临首次应用柱状节理玄武岩作为特高拱坝基础、巨型地下洞室群围岩开挖稳定、特高拱坝抗震设防烈度最高、首次全坝使用低热水泥混凝土、高流速巨泄量无压直泄洪洞高标准建设等一系列世界级技术难题，主要技术指标位居世界水电工程前列，综合技术难度为同类工程之首。白鹤滩水电站工程主要技术指标见表 1.1-1。

表 1.1-1　白鹤滩水电站工程主要技术指标

排　名*	指　标　参　数
六项世界第一	机组单机容量 100 万 kW
	圆筒式尾水调压井规模
	地下洞室群规模

续表

排　名*	指　标　参　数
六项世界第一	300m 级高坝抗震参数
	300m 级特高拱坝首次全坝使用低热水泥混凝土
	无压直泄洪洞群规模
两项世界第二	装机容量 1600 万 kW
	拱坝总水推力 1650 万 t
两项世界第三	拱坝坝高 289m
	枢纽泄洪功率

*　表中排名截止时间为 2023 年 5 月 10 日。

1.1.4　枢纽布置

白鹤滩水电站工程枢纽由拦河坝、泄洪消能设施、引水发电系统、导流洞等主要建筑物组成，白鹤滩水电站工程枢纽建筑物布置图见图 1.1-3。拦河坝为混凝土双曲拱坝，坝顶高程 834m，最大坝高 289m，坝顶中心线弧长 709m，坝后设水垫塘与二道坝；枢纽泄洪设施由坝身的 6 个表孔、7 个深孔和左岸 3 条无压直泄洪洞组成，坝身最大泄量 30000m³/s，泄洪洞单洞泄洪规模 4083m³/s；地下厂房采用首部开发方案布置，左右岸各布置 8 台单机容量 100 万 kW 的机组（机组研发、制造、安装实现全部国产化），引水隧洞采用单机单管供水，尾水系统 2 台机组合用一条尾水洞，左右岸各布置 4 条尾水隧洞，其中左岸 3 条、右岸 2 条结合导流洞布置。白鹤滩水电站工程参数见表 1.1-2。

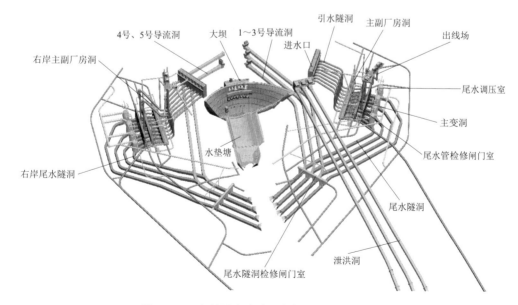

图 1.1-3　白鹤滩水电站工程枢纽建筑物布置图

表 1.1-2　白鹤滩水电站工程参数

主　要　特　性			工　程　指　标	参　数
工程建设指标	挡水建筑物：混凝土双曲拱坝		最大坝高	289m
			坝顶高程	834m
			坝顶中心线弧长	709m
			总水推力	1650 万 t
	泄洪建筑物	坝身泄洪	泄洪表孔（开敞式）	6 个
			表孔校核泄洪流量	12529m³/s
			泄洪深孔（有压泄水孔）	7 个
			深孔校核泄洪流量	11832m³/s
		泄洪洞	泄洪洞（无压直泄洪洞）	3 条
			长度	2170~2317m
			弧门孔口尺寸（宽×高）	15m×9.5m
			泄洪洞最大泄洪流量	12250m³/s
	输水建筑物		进水口（岸塔式）	16 个
			压力管道（竖井式）	16 个
			尾水调压室（圆筒形阻抗式）	8 个
			尾水调压室规模（8 个）	直径 43~48m 高度 91~107m
			尾水隧洞型式（2 机 1 洞）	8 个
			尾水隧洞长度	1006.81~1744.87m
	发电厂房		厂房（首部开发地下长廊式）	2 个
			主副厂房尺寸（长×宽×高）	438m×34m×88.7m
	装机规模		单机容量×机组台数	100 万 kW×16
	抗震指标		壅水建筑物抗震设防类别为甲类，设计地震水平加速度峰值 451gal	
	地形、地质		坝址地形地质条件复杂，位于国内高拱坝前列	
	水库特性		正常蓄水位	825.00m
			死水位	765.00m
			总库容	206.27 亿 m³
			防洪库容	75.00 亿 m³
			水量利用系数	99.7%
	工程量	开挖	明挖土石方	6410.90 万 m³
			洞挖石方	2066.00 万 m³
		填筑	土石方	698.90 万 m³
			混凝土	1798.70 万 m³

主要特性		工程指标	参　数
工程建设指标	全员人员	高峰人数	17670 人
		平均人数	12640 人
	建设工期	总工日	4600 万工日
		工程筹建期	24 个月
		施工准备期	40 个月
		主体施工期	80 个月
		工程完建期	24 个月
		第一台机组发电工期	120 个月
		工程建设总工期	144 个月
	工程效益	发电效益	装机容量 1600 万 kW
			保证出力 547 万 kW
			多年平均年发电量 642.43 亿 kW·h
		防洪效益	与溪洛渡水库共同拦蓄金沙江洪水，提高川江河段沿岸宜宾、泸州等城市防洪标准；配合三峡水库调度，进一步减少长江中下游分洪量
	工程投资	静态投资	1430 亿元
		动态投资	1778 亿元

1.2　低热水泥发展与应用历程

1.2.1　国外发展与应用历程

水泥是水工混凝土的主要原材料，其品质与性能直接影响混凝土的力学性能、变形性能、热学性能和耐久性能，进而影响大坝的质量和安全运行。低热水泥是指以适当成分的硅酸盐水泥熟料，加入适量石膏，磨细制成的具有低水化热的水硬性胶凝材料。与大坝混凝土常用的中热硅酸盐水泥（以下简称"中热水泥"）同属硅酸盐水泥体系，其熟料矿物组成基本相同但组成比例差异较大。

低热水泥以 C_2S 为主导矿物，又称高贝利特水泥。与中热水泥相比，熟料烧成温度可降低 100℃左右，生产能耗低；生产过程中石灰石消耗量小，烧成过程中 CO_2 排放量可降低 10%以上，低热水泥熟料矿物中的 CaO 含量和烧成温度见表 1.2-1。因此，在 20 世纪 70 年代，世界能源危机引发了低热水泥的第一次全球性研究高潮。由于未能完全解决高贝利特矿物的稳定与活化等关键技术难题，该体系水泥的研究仅停留在试验研究阶段，未能取得较大进展。

低热水泥的第二次研究高潮源于 20 世纪 80—90 年代国际工程界对混凝土耐久性的认识进一步提高和高度重视。C_2S 的水化放热仅为 C_3S 的 40%，且水化产物的最终强度与 C_3S 水化产物的最终强度持平甚至超出。因此，低热水泥具有水化热低、早期强度低、后期强度高、体积稳定性好等特点，完全符合水工大体积混凝土防裂设计所要求的长设计龄期、低水化温升、延迟温峰等温度控制措施要求。从大体积混凝土温度控制防裂与长期耐久性角度考虑，低热水泥完全适用于制备大体积高性能混凝土。

表 1.2-1　低热水泥熟料矿物中的 CaO 含量和烧成温度

矿物名称	C_3S	C_2S	C_3A	C_4AF
CaO 含量/%	73.7	65.1	62.2	46.2
烧成温度/℃	1450	1300	900~1100	1100

在低热水泥工程应用方面，20 世纪 30 年代以前，国外对大体积混凝土所用水泥没有提出特殊要求，直到 1930 年以后大坝混凝土的裂缝问题才引发对低热水泥应用的关注。20 世纪 30 年代，美国的 Burton Lowther 意识到低热水泥的优越性并进行了相关试验研究，随后美国垦务局（United States Bureau of Reclamation）联合美国国家标准与技术研究院（National Institute of Standards and Technology）、加州大学伯克利分校（University of California，Berkeley）、波特兰水泥协会（Portland Cement Association）以及其他多家水泥厂商对低热水泥的生产制备过程、冷却速率、化学成分、水化热、细度、凝结时间和砂浆的物理力学性能及耐久性等方面进行了大量系统研究，确定了胡佛大坝（Hoover Dam）用低热水泥的主要矿物组成比例。

胡佛大坝施工中采用了标准水泥和低热水泥。冬季施工时采用 40% 标准水泥和 60% 低热水泥混合使用，可获得足够早期强度且利于模板拆除，其余时段均采用低热水泥；在胡佛大坝低热水泥的基础上制定的《波特兰水泥》（Standard Specification for Portland Cement，ASTM C150/C150M）Ⅳ型水泥标准一直沿用至今。低热水泥、标准水泥和其后建造的大古力坝（Grand Coulee Dam，GCD）选用的改性水泥的性能对比见表 1.2-2。

表 1.2-2　胡佛大坝、大古力坝所用水泥特性对比

水泥品种	矿物成分含量/%				胶砂抗压强度/MPa		水化热/（kJ/kg）	
	C_3S	C_2S	C_3A	C_4AF	7d	28d	7d	28d
低热水泥	23	50	5	14	12.2	25.9	230	267
标准水泥	50	25	10	8	18.3	23.1	355	405
GCD 用改性水泥	46	30	5	13	18.8	34.7	—	—

注　数据引自 TIMOTHY P D. Advances in Mass Concrete Technology-The Hoover Dam Studies［C］//75th Anniversary History Symposium of Hoover Dam，ASCE，2010：58-73.

除采用Ⅳ型水泥外，优选混凝土配合比、坝体分块浇筑、预冷骨料、加冷却水拌和、通水冷却等多项技术措施的综合使用，是胡佛大坝成功解决大体积混凝土施工时水化温升问题的关键，这些措施仍沿用至今。

胡佛大坝坝体混凝土芯样的检测结果表明，经过 60 年后，内部混凝土抗压强度从 28d 龄期的 25MPa 增长到约 50MPa，且强度仍在缓慢增长；浇筑层面混凝土黏结良好，浇筑层面混凝土强度与本体混凝土强度几乎相当；在大坝外表面未发现明显劣化迹象，说明采用低热水泥的胡佛大坝混凝土耐久性良好。

胡佛大坝当年所用低热水泥最大的特点是 C_2S 含量较高，达到 46%。在此基础上制定的美国水泥标准 ASTM C150/C150M 规定，Ⅳ 型水泥 C_2S 含量不小于 40%。但美国当年生产的 Ⅳ 型水泥早期强度较低，配制的混凝土早期强度偏低。后来由于火山灰质材料和减水剂等新材料、新技术的发展，水泥用量大幅度降低，加上施工水平提高，逐渐用"Ⅱ型水泥+掺合料"方案替代了 Ⅳ 型水泥。美国在 20 世纪 50 年代后基本不再生产 Ⅳ 型水泥，但在水泥技术标准中仍保留了 Ⅳ 型水泥。

除胡佛大坝外，美国、墨西哥及苏联还先后在 Bartlett（1939 年建成）、Grand Coulee（1942 年建成）、Shasta（1945 年建成）、Detroit（1953 年建成）、Francisco Madero（1949 年建成）、Krasnoiarsk（1970 年左右建成）、Friant（1942 年建成）等大坝中应用了 Ⅳ 型水泥。日本也开展了低热水泥研究，并将低热水泥纳入日本标准《硅酸盐水泥》（*Portland Cement*，JIS R 5210），应用于日本明石海峡大桥基础、海港工程以及超高层建筑等的混凝土中。

1.2.2　国内发展与应用历程

1.2.2.1　低热水泥研发历程

20 世纪 50 年代末，我国研制和生产了中热水泥和低热矿渣硅酸盐水泥，并应用于三门峡大坝工程。此后在丹江口、刘家峡、葛洲坝、白山、三峡等大坝工程中使用了这两种水泥，并制定了相应的国家标准。

20 世纪 90 年代，我国在低热水泥的研究和实践应用方面取得了卓越的成果。中国建筑材料科学研究总院在"九五""十五"国家科技攻关期间，联合中国三峡集团、四川嘉华企业（集团）股份有限公司等单位，成功解决了 C_2S 矿物活化和高活性晶型的常温稳定两大国际难题，首次实现了以高活性 C_2S（含量不小于 40%）为主导矿物的水泥工业化生产和规模化应用。2003 年颁布实施的国家标准《中热硅酸盐水泥　低热硅酸盐水泥　低热矿渣硅酸盐水泥》（GB 200—2003）中正式纳入了低热水泥，填补了我国该产品的空白，为低热水泥的推广应用奠定了基础。2006 年，低热水泥的研发成果获得国家技术发明二等奖。在低热水泥生产和部分工程应用经验的基础上，对该标准进行了修订，形成了《中热硅酸盐水泥　低热硅酸盐水泥》（GB/T 200—2017）。

为保证低热水泥在实际工程应用过程中各项性能良好，在国家标准《中热硅酸盐水泥　低热硅酸盐水泥　低热矿渣硅酸盐水泥》（GB 200—2003）的基础上，通过优化低热水泥矿物组成，提高低热水泥烧成技术与熟料烧成质量，控制比表面积、MgO 含量、水化热和 28d 强度，中国三峡集团制定了技术指标高于国家标准的低热水泥企业标准（以下简称"企业标准"）《拱坝混凝土用低热硅酸盐水泥技术要求及检验》（Q/CTG 13—2015），对低热水泥的矿物组成、化学成分和物理性能指标进行了更严格的规定，使生产的低热水泥具有水化热更低、放热速度更慢、收缩更小、抗裂性能更好的特性，为低热水泥在水利水电工程中的推广应用提供了强有力的保障。

1.2.2.2　低热水泥应用历程

从 2003 年开始，低热水泥在三峡、溪洛渡、向家坝、白鹤滩、乌东德等多个特大型水利水电工程中陆续得到应用，取得了良好的技术效益和经济效益。

1. 工程局部应用

（1）2003—2006 年，三峡水利枢纽工程共使用 42.5 级低热水泥约 6 万 t，主要用于三期纵向围堰 C 段加固块、导流底孔封堵、管槽外包、右岸 2 号非溢流坝段、电源电站、右厂房蜗壳二期、右岸地下电站岩壁吊车梁和消能防冲建筑物等部位。试验结果表明，与中热水泥混凝土相比，低热水泥混凝土的早期强度略低，但后期增长较快，90d 龄期后呈赶上或超过中热水泥混凝土的趋势。温度监测结果表明，低热水泥混凝土最高温度均低于设计允许最高温度，与中热水泥混凝土相比，低热水泥混凝土的最高温升较低，且温度变化过程较为平缓。

（2）2011—2013 年，溪洛渡水电站共使用 42.5 级低热水泥约 10.5 万 t，浇筑混凝土约 51.4 万 m^3，主要用于溪洛渡水电站大坝右岸 30 号和 31 号两个完整坝段、泄洪洞龙落尾段、导流洞封堵、低线公路交通洞封堵和大坝底孔封堵等部位。除冲毛、拆模时间略有滞后外，大坝低热水泥混凝土温升低、温峰延后，混凝土冷却通水量少，温度控制更加容易。与前期中热水泥混凝土相比，泄洪洞龙落尾段浇筑的 C$_{90}$60 高强度抗冲磨低热水泥混凝土，最高温度降低 5.8~7.4℃，裂缝数量减少 69.1%。与同期、同高程的 1 号、2 号坝段中热水泥混凝土相比，大坝 30 号、31 号坝段低热水泥混凝土封拱灌浆后 5 年龄期低热水泥混凝土强度的增长大于中热水泥混凝土，但大坝内部温度回升平均低约 1.2℃，说明低热水泥混凝土尽管后期强度增长较大，但混凝土内部温度回升仍低于中热水泥混凝土，未出现"翘尾"现象。

（3）2011—2012 年，向家坝水电站共使用 42.5 级低热水泥约 9.5 万 t，浇筑混凝土约 50 万 m^3，主要用于消力池抗冲磨混凝土。试验结果表明，低热水泥混凝土 90d 龄期轴向抗拉强度略高于中热水泥混凝土，90d 和 180d 龄期的抗冲磨性能略优于中热水泥混凝土，28d 龄期绝热温升比中热水泥混凝土低 5~10℃。混凝土温度监测结果表明，C$_{90}$55 和 C$_{90}$50 强度等级低热水泥混凝土比中热水泥混凝土的最高温度低 6.5~7.1℃，6~10d 龄期时低 5.7~6.5℃。2013 年汛后检查未发现裂缝，混凝土表面磨蚀较小。

试验研究与工程实践表明，与中热水泥混凝土相比，低热水泥混凝土拌和物性能基本相同；7d 龄期强度较低，但抗压强度随龄期增长较快，28d、90d 龄期抗压强度相当，90d 龄期后超过中热水泥混凝土；虽然早期强度较低，但完全满足施工对早期强度的要求；低热水泥混凝土具有较低的水化温升和放热速率，最高温升相对较低，温峰出现时间较晚，有利于大体积混凝土的温控防裂；混凝土温度监测结果表明，低热水泥混凝土最高温度出现时间平均推迟 1~2d，最高温升平均降低 2~8℃。MgO 含量 4.0%~5.0% 的高内含氧化镁低热水泥（以下简称"高镁低热水泥"）混凝土自生体积变形多为微膨胀型，在抗裂性能方面更具优势。

通过低热水泥在三峡、向家坝、溪洛渡等多个特大型水利水电工程中的局部应用与研究，逐步掌握了低热水泥混凝土性能发展规律和施工工艺，低热水泥生产与应用技术逐渐成熟，但产品质量与生产稳定性还需进一步提升。

2. 全工程应用

（1）2013—2021 年，白鹤滩水电站共使用 42.5 级低热水泥约 315 万 t，浇筑混凝土约 1800 万 m^3，主要用于大坝、水垫塘与二道坝、地下厂房、泄洪洞、导流洞等部位。

（2）2014—2020 年，乌东德水电站共使用 42.5 级低热水泥约 128 万 t，浇筑混凝土约 670 万 m^3，主要用于大坝、水垫塘与二道坝、地下厂房、泄洪洞等部位。

低热水泥在白鹤滩、乌东德水电站全工程成功应用，高质量建成了 300m 级无裂缝特高拱坝，破解了"无坝不裂"的世界性难题，推动了筑坝材料的革新与发展，为大型水利水电工程全面应用低热水泥树立了标杆，具有划时代、里程碑意义。

1.3　白鹤滩全工程应用低热水泥的论证与决策

1.3.1　背景与挑战

白鹤滩水电站工程坝址区为典型的大风干热河谷、常年 240d 以上出现 7 级以上大风，多年平均相对湿度 66%，多年平均气温 21.9℃，气候条件恶劣，首次利用柱状节理玄武岩作为特高拱坝基础，混凝土施工和温控防裂面临巨大挑战。虽然国内低热水泥混凝土研究和应用取得了一定成果，并在部分工程局部得到了成功应用，但在特高拱坝全工程应用低热水泥尚属首次。低热水泥在规模化稳定生产、材料特性与设计、高质量快速施工协同相关性等方面仍面临较大挑战。

（1）低热水泥水化机理及混凝土长期性能演变规律。低热水泥的主要矿物组成是 C_2S，水化反应缓慢。其长龄期水化热发展规律，低热水泥混凝土长龄期微观结构、力学性能、变形性能、热学性能、耐久性能及其演变规律，都有待深入系统研究。

（2）低热水泥规模化稳定生产。低热水泥虽已在国内多个工程应用，生产和应用技术趋于成熟，但工程用量较小。白鹤滩水电站工程需浇筑约 1800 万 m^3 混凝土，低热水泥需求量超过 300 万 t，其品质不仅要满足国家标准要求、而且应满足更为严格的企业标准要求。而工程周边水泥生产厂家此前均未有过低热水泥大批量生产经验，因此，低热水泥的规模化稳定生产是白鹤滩水电站工程建设面临的一大考验。

（3）低早期强度与快速施工的协同性。低热水泥水化热较低，有利于大体积混凝土温控防裂，但低早期强度有可能影响施工进度。如何充分发挥低热水泥混凝土的性能优势，在实现温控防裂目标的同时实现高质量快速施工，是白鹤滩水电站工程建设面临的又一大考验。

此外，低热水泥混凝土大规模应用于特高拱坝尚无先例，为保障白鹤滩水电站工程成功应用低热水泥混凝土，需充分掌握混凝土性能的各项影响因素、路径和流程，以实现全过程质量控制，建设成传世精品工程。

1.3.2　论证

为建设白鹤滩水电站 300m 级无裂缝特高拱坝，通过"产学研用"联合攻关，开展了低热水泥及混凝土系统研究。

（1）低热水泥及混凝土性能。低热水泥具有水化热低、放热速度慢、热强比低等特点，且水化产物种类与中热水泥基本相同；低热水泥 7d 龄期水化热比中热水泥一般低 13%~15%，2 年龄期水化热比中热水泥低 53kJ/kg，理论计算最终水化热约低 51kJ/kg；

高镁低热水泥混凝土具有绝热温升低、后期强度高、早期徐变大、干缩小、自生体积变形呈微膨胀、高耐久性能、综合抗裂性能优等特点，应用于温控防裂要求高的混凝土工程具有明显的优势。

（2）低热水泥混凝土抗裂能力。温度应力仿真计算结果表明，在其他条件基本相同的情况下，将中热水泥更换为低热水泥，白鹤滩水电站大坝混凝土抗裂安全系数可由1.8提高到2.0，显著增加大坝混凝土抗裂安全裕度，可有效减少甚至消除温度裂缝。

（3）低热水泥混凝土试用成效。三峡水利枢纽工程、向家坝水电站、溪洛渡水电站等工程局部使用低热水泥，工程实践表明：低热水泥混凝土和易性良好，除拆模时间和冲毛时间略有延后外，其余施工工艺与中热水泥混凝土基本一致；使用低热水泥后可明显降低混凝土的温升，延缓温峰时间1~2d，混凝土温度裂缝数量大幅减少；大坝封拱灌浆后，坝体内部温度回升低于同期中热水泥混凝土，无"翘尾"现象。

（4）低热水泥生产能力。白鹤滩、乌东德水电站混凝土浇筑高峰期需低热水泥分别约为80.7万t/年、47.1万t/年，共计约127.8万t/年。工程周边有4个厂家拥有低热水泥生产技术，具备320万t/年的低热水泥生产能力。按产能的50%预估，具备160万t/年的低热水泥供应能力，完全满足白鹤滩、乌东德水电站工程低热水泥混凝土浇筑高峰期需求。

（5）低热水泥经济性。低热水泥市场单价比中热水泥高30元/t左右，混凝土原材料成本增加3~6元/m³，但因可简化温度控制措施和提高混凝土抗裂性，减少混凝土冷却通水费用和裂缝处理费用。经评估，其综合费用仍低于中热水泥。

1.3.3 决策

基于低热水泥具有成熟的技术标准体系，生产供应有保障、经济成本较合理，且所制备的低热水泥混凝土性能优异，在大型水利水电工程中有局部应用的成功先例，具备全工程应用条件。经慎重决策，白鹤滩水电站全工程应用低热水泥。

1.4 本书概要

【全书布局】

本书共6章。首先介绍了低热水泥的发展与应用历程，阐明了低热与中热水泥混凝土试验研究成果，对比分析了低热与中热水泥及混凝土性能差异，归纳了低热水泥及混凝土的生产与质量控制，详述了低热水泥在白鹤滩水电站全工程应用及效果，最后总结了应用低热水泥的行业价值、展望了低热水泥的推广应用前景。

【认识定位】

低热水泥混凝土具有优异的抗裂性能，其全面应用为建设无裂缝大坝、减少或消除地下工程混凝土温度裂缝提供了可靠保障，为提高枢纽工程的耐久性及运行寿命起到关键作用。

【困难挑战】

白鹤滩水电站大坝为300m级混凝土双曲特高拱坝，坝体规模巨大，体型不对称，坝基地质条件复杂，气候条件恶劣，大坝采用中热水泥混凝土的抗裂安全裕度不大，温控防裂难度显著高于同类工程；类似工程的泄洪洞等地下工程仍存在抗冲耐磨材料选择、衬砌结构混凝土无衬不裂等难题，影响工程安全运行及寿命。

国内低热水泥混凝土前期研究取得了一定成果，并在一些工程进行了局部试点应用，但首次全工程应用低热水泥无成熟经验可借鉴，低热水泥大规模稳定生产、低热水泥混凝土高质量快速施工面临巨大挑战。

【管理亮点】

针对低热水泥、粉煤灰、外加剂等业主统供原材料，实行"五环联控"的质量管理模式，即"生产厂家出厂检验、驻厂监造单位抽样检验、业主单位验收检验、监理单位抽样检验、施工单位验收检验"，保障了原材料从生产到使用的全流程有效质量控制；混凝土生产实施"日监督、周巡查、月例会、季检查"的质量管理机制，明确参建各方责任，提高了协调沟通效率；建立混凝土质量管理和业主全过程把控的配合比审批机制，保障了原材料及混凝土质量；制定混凝土生产与仓面联动的微调机制，规范混凝土生产的微调方法，明确了调整过程中各方职责、工作流程及具体调整范围；研发应用试验检测信息管理系统，实现了从原材料生产到混凝土成品的全过程精细化、智能化管控，保证了试验检测数据的真实性、唯一性、可追溯性，提升了试验检测及信息化管理水平与试验检测效率，为建设精品工程提供了有力保障。

【关键技术】

系统揭示了低热水泥的水化产物、孔结构等微观结构及其演变规律；开发出"低温升、微膨胀、高抗裂、高耐久"的大坝混凝土、"低温升、高强度、高抗裂"的无硅粉抗冲磨混凝土等系列高性能混凝土，并探明其性能发展规律；掌握了不同部位低热水泥混凝土性能发展规律与混凝土施工工艺的协调关系。

提出并成功实践了与白鹤滩水电站工程干热河谷气候相适应的混凝土生产与质量保障系列解决方案，主要包括：优化低热水泥矿物组成并开发与之相适应的高效减水剂，攻克了高温季节高效减水剂缓凝性能降效问题，揭示了人工砂微粒含量与混凝土黏稠度关系并完善人工砂生产质量控制标准，有效改善了大坝混凝土施工性能；开发并应用"高保坍"高性能减水剂，提高泵送混凝土长距离运输的可泵性；研发"分层调凝"技术，实现了水垫塘反拱底板混凝土拉模施工的高效率和高质量；提出了粉煤灰中残留铵含量检测方法与控制限值并制定国家标准，保障了混凝土质量。

【成果成效】

白鹤滩水电站全工程应用低热水泥，全面建成精品工程，推动了低热水泥在大型水利水电工程中从局部试用到全面应用的跨越式发展，将大坝混凝土的抗裂安全系数由 1.8 提高到 2.0，提高了坝体混凝土抗裂安全裕度，实现了建设无缝大坝的创举。

通过改进低热水泥生产工艺、提升质量管理，促进了我国低热水泥生产技术提升。制定了原材料和混凝土的系列企业标准，且部分上升为行业标准和国家标准，形成了全流程低热水泥混凝土标准化施工工艺，建立了低热水泥混凝土应用全过程质量控制体系，引领行业发展。

白鹤滩水电站全工程应用低热水泥混凝土，300m 级混凝土双曲特高拱坝坝体最高温度、各阶段的温度降幅、降温速率均得到了有效控制，符合率均在99%以上，显著优于同类工程，建成了无裂缝大坝，打破了坝工界"无坝不裂"的魔咒；地下厂房工程进水塔、蜗壳与风罩墙、调压室、岩壁吊车梁、尾水隧洞等大体积结构混凝土，简化了温度控制措施，最高温度全面受控，基本消除了温度裂缝；泄洪洞工程衬砌常态混凝土，简化了温度控制措施，温升较类似工程中热水泥混凝土降低 5.2~7.9℃，有效避免了裂缝产生，成功浇筑了无缺陷镜面混凝土，实现了"体型精准、平整光滑，无裂无缺、抗冲耐磨"的精品混凝土目标。

第 2 章　混凝土性能

为研究白鹤滩水电站工程使用低热水泥混凝土的可行性，中国三峡集团委托科研单位对低热水泥及混凝土性能开展了系统研究，提出了满足设计要求的混凝土推荐配合比，为低热水泥在白鹤滩水电站全工程中的应用决策提供了理论依据和技术支撑。本章主要介绍混凝土配合比设计与试验、低热与中热水泥及混凝土性能比较。

2.1　混凝土配合比设计与试验

为系统研究低热水泥混凝土性能，中国三峡集团委托科研单位于 2012—2014 年开展了地下工程混凝土配合比设计及性能试验、2013—2015 年开展了大坝混凝土和抗冲磨混凝土配合比及性能试验。

2.1.1　混凝土技术指标与配合比设计原则

2.1.1.1　大坝混凝土主要技术指标

白鹤滩水电站大坝坝体划分为 A 区、B 区、C 区和闸墩、孔口等部位，大坝混凝土分区示意图见图 2.1-1，不同部位大坝混凝土主要设计技术指标见表 2.1-1。三级配混凝土坍落度控制要求有 30～50mm、50～70mm 两种，四级配混凝土坍落度控制要求为 30～50mm，含气量均按 4.5%～5.5% 控制。

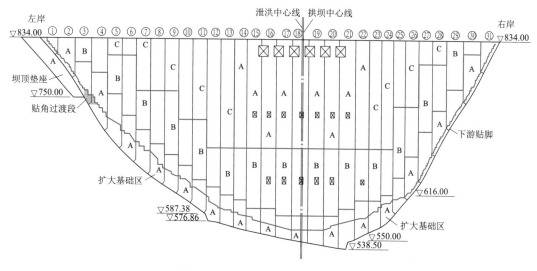

图 2.1-1　大坝混凝土分区示意图（单位：m）

表 2.1-1　不同部位大坝混凝土主要设计技术指标

使用部位	混凝土强度等级	强度保证率/%	抗冻等级	抗渗等级	极限拉伸值（$\times 10^{-6}$）	允许最大水胶比	级配
大坝工程 C 区	$C_{180}30$	85	$\geqslant F_{90}250$	$\geqslant W_{90}13$	$\geqslant 95$	0.50	四
大坝工程 B 区	$C_{180}35$		$\geqslant F_{90}300$	$\geqslant W_{90}14$	$\geqslant 100$	0.46	三、四
大坝工程 A 区	$C_{180}40$		$\geqslant F_{90}300$	$\geqslant W_{90}15$	$\geqslant 105$	0.42	四
孔口及闸墩	$C_{90}40$	85	$\geqslant F_{90}300$	$\geqslant W_{90}15$	$\geqslant 105$	0.42	三

2.1.1.2　其他部位混凝土主要设计技术指标

白鹤滩水电站工程其他部位混凝土主要设计技术指标见表 2.1-2。

表 2.1-2　白鹤滩水电站工程其他部位混凝土主要设计技术指标

序号	使用部位	混凝土强度等级	混凝土品种	级配	设计龄期/d	强度保证率/%	抗冻等级	抗渗等级	坍落度/mm	含气量/%
1	板梁柱等结构混凝土	C25	常态	二	28	95	$\geqslant F100$	$\geqslant W10$	60~80	4.5~5.5
2		C30	常态	二	28	95	$\geqslant F100$	$\geqslant W10$	60~80	4.5~5.5
3		C25	泵送	二	28	95	$\geqslant F100$	$\geqslant W10$	140~160	4.5~5.5
4		C30	泵送	二	28	95	$\geqslant F100$	$\geqslant W10$	140~160	4.5~5.5
5	洞室衬砌混凝土	$C_{90}25$	常态	二	90	85	$\geqslant F150$	$\geqslant W10$	60~80	4.5~5.5
6		$C_{90}30$	常态	二	90	85	$\geqslant F150$	$\geqslant W10$	60~80	4.5~5.5
7		$C_{90}35$	常态	二	90	85	$\geqslant F150$	$\geqslant W10$	60~80	4.5~5.5
8		$C_{90}25$	泵送	二	90	85	$\geqslant F150$	$\geqslant W10$	140~160	4.5~5.5
9		$C_{90}30$	泵送	二	90	85	$\geqslant F150$	$\geqslant W10$	140~160	4.5~5.5
10	水垫塘与二道坝混凝土，进水塔混凝土，回填混凝土，厂房大体积混凝土，导流洞底板混凝土	$C_{90}25$	常态	三	90	85	$\geqslant F150$	$\geqslant W10$	60~80	4.5~5.5
11		$C_{90}30$	常态	三	90	85	$\geqslant F150$	$\geqslant W10$	60~80	4.5~5.5
12		$C_{90}40$	常态	三	90	85	$\geqslant F150$	$\geqslant W10$	60~80	4.5~5.5
13		$C_{180}30$	常态	二	180	85	$\geqslant F150$	$\geqslant W8$	60~80	4.5~5.5
14		$C_{180}40$	常态	二	180	85	$\geqslant F150$	$\geqslant W8$	60~80	4.5~5.5
15	泄洪洞、水垫塘抗冲磨混凝土	$C_{90}50$	常态	二	90	85	$\geqslant F150$	$\geqslant W8$	60~80	3.5~4.5
16		$C_{90}60$	常态	二	90	85	$\geqslant F150$	$\geqslant W8$	60~80	3.5~4.5
17		$C_{90}50$	泵送	二	90	85	$\geqslant F150$	$\geqslant W8$	140~160	3.5~4.5
18		$C_{90}60$	泵送	二	90	85	$\geqslant F150$	$\geqslant W8$	140~160	3.5~4.5

2.1.1.3　配合比设计原则

根据设计技术指标和施工性能要求进行混凝土配合比设计，并通过试验确定。在进行低热水泥混凝土配合比设计时，应充分考虑低热水泥混凝土绝热温升低、用水量较低、早期强度低、后期强度高、早期徐变大等特点，宜选择较长的设计龄期，如 90d 或 180d。

在进行混凝土配合比设计时，除考虑混凝土强度和经济性外，还应充分考虑水工混凝土耐久性，包括抗冻性、抗渗性、抗侵蚀性、抗碳化、抗裂性等。为提高混凝土的耐久性，需要减小混凝土的收缩变形，如温度变形、自生体积变形和干缩变形等；提高混凝土抵抗拉伸变形的能力，如极限拉伸值、徐变等。为达到以上目的，必须优选混凝土原材料：①选择优质骨料，因地制宜地使用工程开挖料；在工程条件许可时，应尽量选用线膨胀系数小的岩石，如石灰岩。②选用发热量低和微膨胀的水泥以降低混凝土绝热温升，补偿温降时的体积收缩，提高混凝土的体积稳定性。③掺用活性矿物掺合料。④掺用减水剂以降低混凝土单位用水量，掺用引气剂改善新拌混凝土的流变性、改善孔结构达到提高混凝土抗冻性能和抗渗性能的目的。

混凝土配合比设计按电力行业标准《水工混凝土配合比设计规程》（DL/T 5330）进行试验，并考虑原材料及混凝土性能满足《水工混凝土耐久性技术规范》（DL/T 5241）、《水工混凝土施工规范》（DL/T 5144）、《水工混凝土掺用粉煤灰技术规范》（DL/T 5055）等有关规定，同时满足设计和施工的要求。混凝土施工配合比应通过现场生产性试验确定。混凝土配合比设计流程见图 2.1-2。

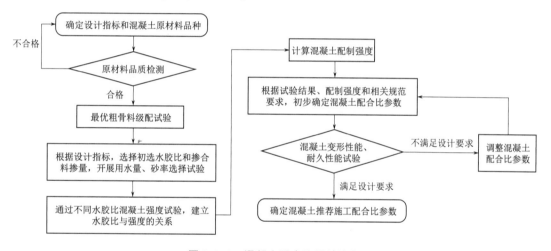

图 2.1-2　混凝土配合比设计流程

2.1.1.4　骨料的选择

大坝混凝土骨料品质关系到大坝的质量和安全。在白鹤滩水电站工程可行性研究阶段，从料场地质勘查、骨料加工生产性试验、混凝土性能分析研究等方面，开展了大量的混凝土骨料料源选择论证研究工作。分别对玄武岩、玄武岩+白云岩、玄武岩+石灰岩、石灰岩等方案进行了比选。试验结果表明，石灰岩骨料混凝土具有线膨胀系数较低、强度较高、干缩较小、综合抗裂能力较强等优点，有利于提高拱坝抗裂安全系数，最终选择石灰岩作为白鹤滩水电站拱坝混凝土骨料料源。

粗骨料的最优组合比一般以紧密堆积密度较大、空隙率较小时的级配为宜。根据试验结果，确定大坝工程中二级配常态混凝土中石（20~40mm）、小石（5~20mm）的最优比例为55：45，三级配常态混凝土大石（40~80mm）、中石、小石的最优比例为40：30：30，四级配常态混凝土特大石（80~150mm）、大石、中石、小石的最优比例为30∶30∶20∶20。

白鹤滩水电站大坝坝基、地下厂房、泄洪洞、导流洞开挖料为玄武岩，玄武岩表观密度大、质地坚硬耐磨，为因地制宜充分地利用开挖料，将其加工成人工砂石骨料用于导流洞、水垫塘与二道坝、地下厂房、泄洪洞等工程部位。根据试验结果，确定二级配常态混凝土中石、小石的最优比例为55∶45，二级配泵送混凝土中石、小石的最优比例为45∶55，三级配常态混凝土大石、中石、小石的最优比例为40∶30∶30。

2.1.2 原材料

由于白鹤滩水电站大坝、地下工程、抗冲磨混凝土性能试验分批进行，所用中热水泥为溪洛渡水电站某供应厂家间隔一年生产的两个不同批次的中热水泥，分别称为中热水泥a和中热水泥b。大坝、抗冲磨混凝土试验用低热水泥为溪洛渡水电站某供应厂家生产的水泥，称为低热水泥a。地下工程混凝土试验用低热水泥为另一厂家生产，称为低热水泥b。粉煤灰、引气剂为两个厂家生产，在原材料品种后面标注a、b以示区分。不同类型混凝土的原材料品种组合见表2.1-3。

表2.1-3　不同类型混凝土的原材料品种组合

混凝土类型	原 材 料 品 种			
	水泥	掺合料	外加剂	骨料
大坝混凝土	中热水泥a、低热水泥a	粉煤灰a	高效减水剂、引气剂b	石灰岩
抗冲磨混凝土	低热水泥a	粉煤灰a、硅粉	高性能减水剂、引气剂b	玄武岩
地下工程混凝土	中热水泥b、低热水泥b	粉煤灰b	高性能减水剂、引气剂a	玄武岩

2.1.2.1 水泥

试验用水泥的物理性能、化学成分、熟料矿物组成和水化热检测结果分别见表2.1-4～表2.1-7。

表2.1-4　水泥物理性能检测结果

水　泥	比表面积 /(m²/kg)	安定性	凝结时间 /min		抗折强度 /MPa				抗压强度 /MPa			
			初凝	终凝	3d	7d	28d	90d	3d	7d	28d	90d
中热水泥a	338	合格	220	307	5.5	6.0	9.2	10.8	20.7	29.6	48.6	63.5
低热水泥a	332	合格	233	343	4.3	5.2	8.2	11.5	14.9	23.6	44.5	69.9
中热水泥b	327	合格	183	258	4.1	5.6	7.2	8.8	18.9	26.7	46.8	58.6
低热水泥b	315	合格	185	268	2.6	3.8	7.1	9.5	11.3	16.2	43.1	67.5
GB 200—2003 中热水泥	≥250	合格	≥60	≤720	≥3.0	≥4.5	≥6.5	—	≥12.0	≥22.0	≥42.5	—
GB 200—2003 低热水泥	≥250	合格	≥60	≤720	—	≥3.5	≥6.5	—	—	≥13.0	≥42.5	—

表 2.1-5　水泥的化学成分检测结果　　　　　　　　　　%

水　泥	CaO	SiO₂	Al₂O₃	Fe₂O₃	MgO	SO₃	碱含量	烧失量
中热水泥 a	61.54	21.65	3.71	4.97	4.54	1.93	0.36	0.85
低热水泥 a	60.14	22.82	4.01	4.88	4.18	2.16	0.32	1.29
中热水泥 b	61.47	21.06	3.91	5.00	4.06	1.77	0.52	0.39
低热水泥 b	60.55	22.80	4.40	5.02	4.16	1.61	0.24	1.01
GB 200—2003 中热、低热水泥	—	—	—	—	≤5.0	≤3.5	≤0.6	≤3.0

表 2.1-6　水泥熟料矿物组成检测结果　　　　　　　　　　%

水　泥	C₃S	C₂S	C₃A	C₄AF
中热水泥 a	50.39	23.84	1.40	15.12
低热水泥 a	31.26	42.05	2.35	14.85
中热水泥 b	51.66	21.70	1.88	15.22
低热水泥 b	31.82	41.57	3.15	15.28
GB 200—2003 中热水泥	≤55	—	≤6	—
GB 200—2003 低热水泥	—	≥40	≤6	—

表 2.1-7　水泥水化热检测结果　　　　　　单位：kJ/kg

水　泥	1d	3d	7d
中热水泥 a	168	239	280
低热水泥 a	140	194	234
中热水泥 b	175	237	279
低热水泥 b	134	187	237
GB 200—2003 中热水泥	—	≤251	≤293
GB 200—2003 低热水泥	—	≤230	≤260

由表 2.1-4~表 2.1-7 可知，①四种水泥的比表面积均接近。②与中热水泥相比，低热水泥熟料中的 C_3S 含量低 18.57%~20.40%、C_2S 含量高 17.73%~20.35%；低热水泥水化热 1d 龄期低 28~41kJ/kg、3d 龄期低 43~52kJ/kg、7d 龄期低 42~46kJ/kg；低热水泥 3d、7d、28d 龄期强度总体略低，但 90d 龄期强度总体较高。③中热、低热水泥 MgO 含量均为 4.0%~5.0%。

2.1.2.2　掺合料

试验用 F 类粉煤灰的品质检测结果见表 2.1-8，硅粉品质检测结果见表 2.1-9。

表 2.1-8　粉煤灰品质检测结果

掺 合 料	细度 /%	需水量比 /%	烧失量 /%	SO₃ 含量 /%	含水量 /%	密度 /(g/cm³)
粉煤灰 a	6.8	94	4.13	0.90	0.13	2.43
粉煤灰 b	9.8	95	2.70	0.40	0.08	2.48
DL/T 5055—2007 Ⅰ级粉煤灰	≤12.0	≤95	≤5.0	≤3.0	≤1.0	—

表 2.1-9　硅粉品质检测结果

掺合料	需水量比 /%	烧失量 /%	含水量 /%	28d 活性指数 /%
硅粉 a	119	1.90	1.56	91
GB/T 51003—2014	≤125	≤6.0	≤3.0	≥85

2.1.2.3　外加剂

采用中热水泥 a、石灰岩骨料对高效减水剂和引气剂 b 进行品质检测,采用中热水泥 a、玄武岩骨料对高性能减水剂和引气剂 a 进行品质检测,减水剂的品质检测结果见表 2.1-10,引气剂的品质检测结果见表 2.1-11。

表 2.1-10　减水剂的品质检测结果

外加剂	掺量 /%	减水率 /%	含气量 /%	泌水率比 /%	28d 收缩率比 /%	坍落度 1h 经时变化量 /mm	凝结时间差 /min		抗压强度比 /%		
							初凝	终凝	3d	7d	28d
缓凝型高效减水剂	0.7	18.4	2.5	15	113	—	+210	+155	140	130	129
缓凝型高性能减水剂	0.7	31.0	2.0	10	102	25	+295	+270	241	232	199
GB 8076—2008 缓凝型高效减水剂		≥14	≤4.5	≤100	≤135	—	>+90	—	—	≥125	≥120
GB 8076—2008 缓凝型高性能减水剂		≥25	≤6.0	≤70	≤110	≤60	>+90	—	—	≥140	≥130

表 2.1-11　引气剂的品质检测结果

外加剂	掺量 /‰	减水率 /%	含气量 /%	泌水率比 /%	28d 收缩率比 /%	含气量 1h 经时变化量* /%	凝结时间差 /min		抗压强度比 /%			相对耐久性 /%
							初凝	终凝	3d	7d	28d	
引气剂 a	0.07	7.8	4.6	61	114	+0.7	−55	−35	98	96	94	91.3
引气剂 b	0.07	9.0	5.4	62	97	+0.8	+15	+100	101	96	91	95.0
GB 8076—2008 引气剂		≥6	≥3.0	≤70	≤135	−1.5~ +1.5	−90~+120		≥95	≥95	≥90	≥80

注　*列中"−"表示含气量增加,"+"表示含气量减少。

2.1.2.4　骨料

大坝混凝土性能试验用的粗细骨料为石灰岩人工骨料,地下工程和抗冲磨混凝土性能试验用的粗细骨料由工程开挖的玄武岩加工而成。细骨料和粗骨料品质检测结果分别见表 2.1-12 和表 2.1-13。因石灰岩粗骨料在运输过程中相互摩擦等原因导致表面裹粉、破碎,为避免其影响混凝土性能,试验前对粗骨料进行了冲洗,并筛分剔除了超径、逊径颗粒。

表 2.1-12 细骨料品质检测结果

细骨料	细度模数	石粉含量/%	泥块含量/%	饱和面干吸水率/%	饱和面干表观密度/(kg/m³)	硫化物及硫酸盐含量/%	有机质含量	云母含量/%	坚固性/%
石灰岩	2.78	10.9	0	1.2	2700	0.12	浅于标准色	0	3
玄武岩	2.75	13.3	0	2.3	2760	0.10	浅于标准色	0	4
DL/T 5144—2001	宜 2.4~2.8	6~18	不允许	—	≥2500	≤1	不允许	≤2	≤8

表 2.1-13 粗骨料品质检测结果

粗骨料		粒径/mm	饱和面干表观密度/(kg/m³)	吸水率/%	压碎指标/%	针片状颗粒含量/%	有机质含量	硫化物及硫酸盐含量/%	坚固性/%
石灰岩		5~20	2700	0.4	6.8	0.3	浅于标准色	0.11	1
		20~40	2710	0.3	—	0.1	浅于标准色	—	1
		40~80	2710	0.3	—	0	浅于标准色	—	0
		80~150	2710	0.2	—	0	浅于标准色	—	0
玄武岩		5~20	2860	1.2	5.2	5.1	浅于标准色	0.08	3
		20~40	2860	0.7	—	3.5	浅于标准色	0.07	2
DL/T 5144—2001	石灰岩	≥2550	≤2.5	≤10	≤15	浅于标准色	≤0.5	≤5
	玄武岩			≤12				

2.1.3 大坝混凝土性能

采用中热和低热水泥开展了白鹤滩水电站大坝混凝土配合比设计及全面性能试验研究，为低热水泥在白鹤滩水电站大坝中的应用提供技术支撑。本节主要介绍大坝低热水泥混凝土性能，中热、低热水泥及混凝土性能比较分别见 2.2 节、2.3 节。

大坝混凝土配合比及性能试验原材料为 42.5 级低热水泥 a、F 类 I 级粉煤灰 a、石灰岩人工骨料、高效减水剂和引气剂 b；试验控制混凝土的坍落度为 30~50mm，含气量为 4.5%~5.5%；配合比设计采用绝对体积法，砂石骨料均以饱和面干状态为基准。按《水工混凝土试验规程》（DL/T 5150—2001）进行混凝土性能试验。

2.1.3.1 混凝土配合比

按《水工混凝土配合比设计规程》（DL/T 5330—2005）进行配合比设计试验。通过试拌，确定了大坝低热水泥混凝土性能试验配合比参数，见表 2.1-14。粉煤灰掺量 35%，减水剂掺量 0.6%。混凝土强度有较大富余，但受设计允许最大水胶比限制，$C_{90}40$ 三级配混凝土和 $C_{180}40$ 四级配混凝土采用相同水胶比。

2.1.3.2 混凝土拌和物性能

低热水泥混凝土拌和物性能试验结果见表 2.1-15。由表 2.1-15 可知，低热水泥混凝土的 1h 坍落度损失率介于 28.1%~37.8%，1h 含气量损失率介于 10.9%~24.0%；低热水泥混凝土的初凝时间介于 19：48~23：24，终凝时间介于 24：54~27：43，因采用与中热水泥相适应的高效减水剂，低热水泥混凝土凝结时间较长，但在后期施工时可通过调整减水剂配方配制出适用于低热水泥的高效减水剂，使混凝土的凝结时间满足现场施工要求。

表 2.1-14　大坝低热水泥混凝土性能试验配合比参数

编号	设计要求	级配	水胶比	引气剂掺量 /%	砂率 /%	混凝土材料用量/（kg/m³）				
						水	水泥	粉煤灰	砂	石
BDQ-1	$C_{180}30F_{90}250W_{90}13$	四	0.50	0.035	24	80	104	56	534	1691
BDQ-2	$C_{180}35F_{90}300W_{90}14$	四	0.46	0.035	24	80	113	61	531	1681
BDQ-3	$C_{180}40F_{90}300W_{90}15$	四	0.42	0.035	23	80	124	67	505	1691
BDQ-4	$C_{90}40F_{90}300W_{90}15$	三	0.42	0.035	29	94	145	78	609	1490

表 2.1-15　低热水泥混凝土拌和物性能试验结果

编号	坍落度 /mm	含气量 /%	静置 1h		1h 经时损失率		凝结时间（h：min）	
			坍落度 /mm	含气量 /%	坍落度 /%	含气量 /%	初凝	终凝
BDQ-1	49	4.5	32	3.7	34.7	17.8	19：48	24：54
BDQ-2	45	5.0	28	3.8	37.8	24.0	20：53	26：37
BDQ-3	41	4.2	26	3.5	36.6	16.7	22：15	27：43
BDQ-4	32	4.6	23	4.1	28.1	10.9	23：24	27：19

2.1.3.3　混凝土抗压强度和劈裂抗拉强度

低热水泥混凝土抗压强度试验结果和抗压强度增长率分别见图 2.1-3 和图 2.1-4，劈裂抗拉强度试验结果和劈裂抗拉强度增长率分别见图 2.1-5 和图 2.1-6。由图 2.1-3~图 2.1-6 可知：

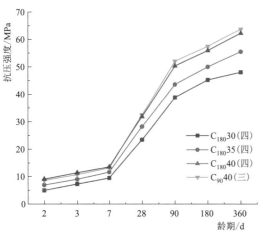

图 2.1-3　低热水泥混凝土抗压强度试验结果

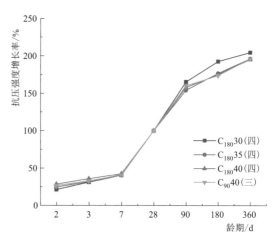

图 2.1-4　低热水泥混凝土抗压强度增长率

（1）低热水泥混凝土的抗压强度均满足配制强度要求。

（2）低热水泥混凝土 7d 龄期前的早期强度较低，施工时应根据同条件养护下混凝土早期强度确定拆模时间，并采取保温保湿养护措施，防止混凝土早期出现开裂破损。

（3）混凝土强度随龄期增加而稳步增长，前期增长较快，后期逐步放缓。其他条件相同时，混凝土抗压强度与水胶比成反比，即水胶比越小，抗压强度越高。

（4）低热水泥混凝土后期抗压强度增长率较高，以 28d 龄期强度为 100%，360d 龄期时抗压强度增长率为 195%～205%、劈裂抗拉强度增长率在 179% 左右；$C_{180}30$ 混凝土强度增长率 28d 龄期前低于 $C_{180}40$ 混凝土、28d 龄期后高于 $C_{180}40$ 混凝土。

（5）在相同水胶比条件下，三级配、四级配混凝土的强度和强度增长率均较接近。

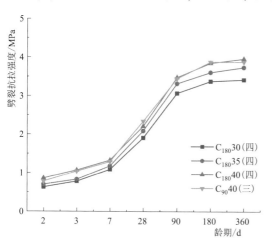
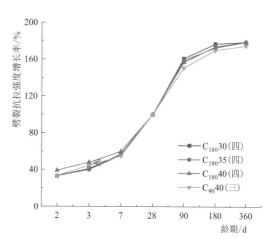

图 2.1-5　低热水泥混凝土劈裂抗拉　　　　图 2.1-6　低热水泥混凝土劈裂抗拉
　　　　　强度试验结果　　　　　　　　　　　　　　强度增长率

2.1.3.4　混凝土轴向抗拉强度和极限拉伸值

极限拉伸值是反映混凝土抗裂能力的一个重要指标。混凝土轴向抗拉强度和极限拉伸值受水胶比、水泥品种及用量、骨料种类、掺合料品种、龄期等因素影响。低热水泥混凝土轴向抗拉强度试验结果见图 2.1-7，极限拉伸值试验结果见图 2.1-8。由图 2.1-7 和图 2.1-8 可知：

（1）低热水泥混凝土极限拉伸值满足设计要求；180d 龄期时混凝土轴向抗拉强度为 3.83～4.31MPa，极限拉伸值为（111～122）×10^{-6}。

（2）其他条件相同时，水胶比越小，混凝土轴向抗拉强度和极限拉伸值越大。

（3）低热水泥混凝土 90d 龄期前轴向抗拉强度和极限拉伸值增长较快，90d 龄期后增长较小。

（4）其他条件相同时，三级配、四级配混凝土轴向抗拉强度和极限拉伸值较接近。

2.1.3.5　混凝土抗压弹性模量

混凝土抗压弹性模量受水胶比、浆骨比、砂率、骨料种类、龄期等因素影响。低热水泥混凝土抗压弹性模量试验结果见图 2.1-9，由图 2.1-9 可知，不同水胶比、不同级配的混凝土抗压弹性模量相差较小。180d 龄期时，混凝土抗压弹性模量介于 42.1～44.1GPa。

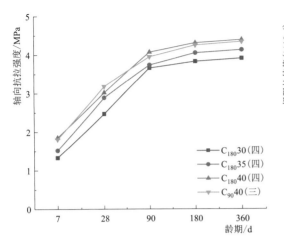

图 2.1-7　低热水泥混凝土轴向抗拉
强度试验结果

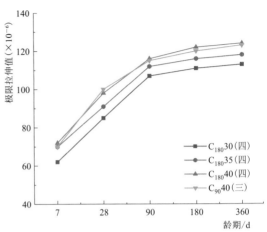

图 2.1-8　低热水泥混凝土极限
拉伸值试验结果

2.1.3.6　混凝土热学性能

大体积混凝土温控防裂还需考虑热稳定性和体积稳定性。其中骨料的热学性能影响极其重要，具有较高线膨胀系数的骨料会降低混凝土的体积稳定性。混凝土的热学性能包括绝热温升、比热、导温系数、导热系数和线膨胀系数，它们是混凝土温度控制和温度应力计算的重要参数。

混凝土的热学性能受水胶比、水泥用量、骨料用量及骨料岩性等因素的影响。不同岩性骨料混凝土的热学性能见表 2.1-16。由表 2.1-16 可知，使用石灰岩骨料混凝土的导热系数和线膨胀系数最小。

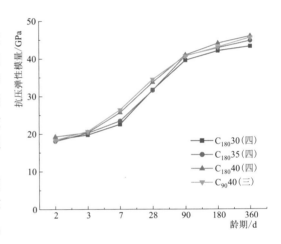

图 2.1-9　低热水泥混凝土抗压
弹性模量试验结果

表 2.1-16　不同岩性骨料混凝土的热学性能

骨料种类	比热 /[kJ/(kg·℃)]	导温系数 /(10⁻³m²/h)	导热系数 /[kJ/(m·h·℃)]	线膨胀系数 /(10⁻⁶/℃)
石英岩	0.840	5.4	11.88	11.7
砂　岩	0.878	4.6	10.44	8.6
花岗岩	0.794	4.0	8.50	7.7
玄武岩	0.760	3.0	8.23	7.9
石灰岩	0.920	4.7	7.92	5.9

使用石灰岩骨料，低热水泥混凝土的热学性能试验结果见表 2.1-17。由表 2.1-17 可知，不同水胶比、不同级配混凝土的比热、导温系数、导热系数和线膨胀系数相差不大。由

表 2.1-16 和表 2.1-17 可知，骨料岩性对混凝土热学性能的影响大于水胶比的影响。

表 2.1-17　低热水泥混凝土的热学性能试验结果

编号	水胶比	级配	导温系数 /（$10^{-3}m^2$/h）	比热 /[kJ/（kg·℃）]	导热系数 /[kJ/（m·h·℃）]	线膨胀系数 /（10^{-6}/℃）
BDQ-1	0.50	四	3.07	0.859	6.79	5.2
BDQ-3	0.42	四	3.02	0.863	6.72	5.0
BDQ-4	0.42	三	3.15	0.885	7.06	5.1

2.1.3.7　混凝土绝热温升

混凝土绝热温升是指在绝热绝湿条件下，由胶凝材料水化引起的混凝土温升。绝热温升是大体积混凝土温度控制的一个重要参数。影响混凝土绝热温升的主要因素有水泥品种与用量、掺合料品种与用量等。

低热水泥混凝土绝热温升值与龄期的拟合关系见表 2.1-18，绝热温升与龄期的关系曲线见图 2.1-10。由表 2.1-18 和图 2.1-10 可知：

（1）水胶比为 0.42~0.50 的四级配低热水泥混凝土 28d 龄期绝热温升值介于 18.4~22.2℃，拟合曲线的相关性较好，拟合的最终绝热温升值比 28d 龄期绝热温升值高 2.8~3.8℃。

（2）水胶比 0.42 的三级配混凝土 28d 龄期绝热温升值比四级配混凝土高 4.4℃，拟合的最终绝热温升值高 5.0℃。

表 2.1-18　低热水泥混凝土绝热温升值（T）与龄期（t）的拟合关系

编号	级配	水胶比	胶材用量 /（kg/m^3）	28d 绝热温升 /℃	拟合公式	决定系数 R^2
BDQ-1	四	0.50	160	18.4	$T=21.2t/（t+3.59）$	0.972
BDQ-2	四	0.46	174	20.2	$T=23.2t/（t+4.85）$	0.998
BDQ-3	四	0.42	191	22.2	$T=26.0t/（t+4.79）$	0.988
BDQ-4	三	0.42	223	26.6	$T=31.0t/（t+4.34）$	0.978

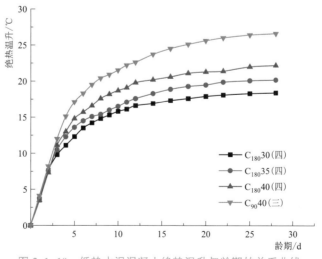

图 2.1-10　低热水泥混凝土绝热温升与龄期的关系曲线

2.1.3.8 混凝土抗冻性和抗渗性

抗冻性是混凝土耐久性的重要指标之一，即混凝土在外界气温变化的作用下，抵抗反复冻融循环而不发生破坏的能力。掺加引气剂是改善混凝土抗冻性的最有效措施，一般根据混凝土的含气量确定引气剂掺量。水工混凝土中一般需掺入减水剂和引气剂，以降低混凝土的单位用水量、改善混凝土的和易性和耐久性。影响混凝土含气量的因素很多，如引气剂的种类和掺量、混凝土原材料及原材料间的匹配性、配合比、掺合料种类和掺量、振捣方式和时间等。混凝土的含气量损失基本上随着时间的延迟而增大，随振捣时间、振捣频率的增大而增大。

影响混凝土抗渗性的主要因素有混凝土的配合比、掺合料品种、减水剂和引气剂品质及掺量、养护环境等，同时与混凝土内部孔隙的尺寸、分布及连续性有关。

研究发现，含气量是决定混凝土抗冻性的关键因素，另外还与硬化混凝土中的气泡间距系数、比表面积等气泡结构参数相关。含气量、水胶比对混凝土抗冻性的影响归根结底主要取决于混凝土的气泡间距系数。一般认为，气泡间距系数为 0.1~0.2mm 时，其抗冻性能最好。引气剂可使混凝土内形成大量的、直径小的微气泡，尤其是直径小于 $20\mu m$ 的气泡数量最多，气泡的间距系数也多在 0.1~0.2mm 范围内。气泡过大，则容易逸出，不易稳定存在，对抗冻性反而不利。同时，掺引气剂能改善混凝土的和易性、减少泌水以及形成不连通的孔隙，一般均能提高混凝土的抗渗性。引气剂提高混凝土抗渗性的原因，主要是因为在混凝土中掺入引气剂，搅拌过程中能引入大量均匀分布的、稳定而封闭的微小气泡。由于大量微小气泡的存在，可以阻止固体颗粒的沉降和水分的上升，减少能够自由移动的水量，能隔断混凝土中毛细管通道，故能显著提高混凝土抗渗性。

混凝土抗渗试验采用逐级加压法（下同），逐级加压至规定水压（设计龄期设计抗渗等级/10），在 8h 内 6 个试件表面均未渗水。低热水泥混凝土 90d 龄期抗冻、抗渗性能试验结果见表 2.1-19。由表 2.1-19 可知：

（1）当出机口设计含气量为 4.5%~5.0% 时，大坝混凝土的抗冻等级、抗渗等级均满足相应的设计指标要求。

（2）当含气量相同时，混凝土抗冻性能、抗渗性能均随水胶比增大而降低。

（3）当含气量和水胶比相同时，三级配、四级配混凝土抗冻性能和抗渗性能基本一致。

表 2.1-19　低热水泥混凝土 90d 龄期抗冻、抗渗性能试验结果

编号	级配	水胶比	含气量 /%	抗冻性能				抗渗性能	
				质量损失率/相对动弹性模量/%			抗冻等级	平均渗水高度 /mm	抗渗等级
				200 次	250 次	300 次			
BDQ-1	四	0.50	4.5	1.2/89.4	1.3/80.5	—	>F250	37	>W13
BDQ-2	四	0.46	5.0	0.8/92.0	1.4/85.6	1.7/74.1	>F300	33	>W14
BDQ-3	四	0.42	4.5	0.5/91.3	0.9/86.5	1.1/80.3	>F300	28	>W15
BDQ-4	三	0.42	4.6	0.4/91.5	0.7/85.6	0.8/77.5	>F300	25	>W15

2.1.3.9　混凝土干缩

引起混凝土干缩的原因主要是干燥失水，这种失水、干燥过程是由表及里逐步发展的。影响混凝土干缩的因素主要有水泥品种、掺合料品种及掺量、配合比、骨料、外加剂、养护条件和养护龄期等。

低热水泥混凝土干缩率与龄期的关系曲线见图 2.1-11。由图 2.1-11 可知，水胶比相同时，低热水泥四级配混凝土 180d 龄期干缩率介于 (310~339) ×10⁻⁶，360d 龄期干缩率介于 (335~357) ×10⁻⁶；单位用水量相同时，水胶比越小的混凝土干缩率越大；三级配混凝土 180d 龄期干缩率为 340×10⁻⁶，360d 龄期干缩率为 365×10⁻⁶，与同水胶比的四级配混凝土干缩率接近。

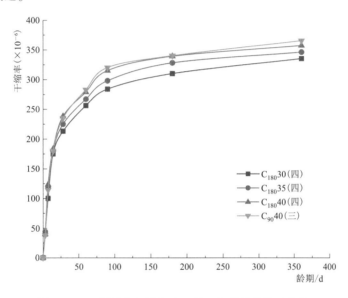

图 2.1-11　低热水泥混凝土干缩率与龄期的关系曲线

2.1.3.10　混凝土自生体积变形

混凝土在恒温绝湿条件下，由于胶凝材料自身水化引起的体积变形称之为自生体积变形，混凝土的自生体积变形主要取决于骨料和胶凝材料的性质。当工程骨料料源确定后，影响混凝土自生体积变形的因素有水胶比、水泥的矿物组成及用量、MgO 活性及含量、掺合料品种及掺量等。

低热水泥混凝土自生体积变形随龄期变化曲线见图 2.1-12。由图 2.1-12 可知，低热水泥混凝土的自生体积变形均表现为微膨胀，自生体积变形随龄期增长先膨胀后收缩再膨胀，不同水胶比、不同级配低热水泥混凝土自生体积变形发展规律基本一致。200d 龄期后，混凝土的自生体积变形曲线逐渐趋于平缓，发展趋于稳定。360d 龄期时，低热水泥混凝土的自生体积变形值介于 (9.2~18.2) ×10⁻⁶。水胶比相同时，三级配混凝土自生体积变形值与四级配混凝土接近。

2.1.3.11　混凝土徐变

混凝土徐变是在持续荷载作用下，混凝土的变形随时间不断增加的现象，徐变度则是单位应力作用下的徐变变形。混凝土在早龄期加荷时，由于混凝土中的水泥尚未充分水

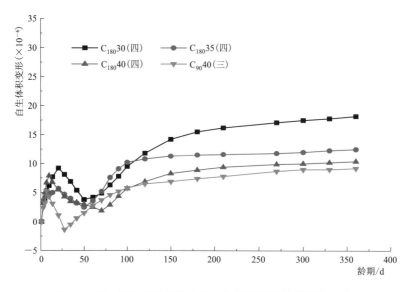

图 2.1-12　低热水泥混凝土自生体积变形随龄期变化曲线

化，强度较低，徐变度较大；而在晚龄期加荷时，由于水泥的持续水化，混凝土强度增长，徐变度减小。徐变度的大小与混凝土龄期、水胶比、胶凝材料用量等因素相关。按《水工混凝土试验规程》（DL/T 5150—2001）进行湿筛混凝土试件试验，并按规范将湿筛混凝土的受压徐变度试验结果换算为原级配混凝土徐变度。不同加荷龄期低热水泥混凝土徐变度与持荷时间的关系曲线见图 2.1-13。由图 2.1-13 可知：

（1）低热水泥混凝土的早期徐变度较大，对早期混凝土的抗裂有利。

（2）相同龄期和相同级配的混凝土，水胶比越小、强度越高，混凝土的徐变度越小，且混凝土的徐变度随持荷时间的延长而增大，随加荷龄期的推迟而减小。

（3）当水胶比相同时，胶凝材料用量越多的混凝土徐变度越大，三级配混凝土的徐变度略大于四级配混凝土。

2.1.4　地下工程混凝土性能

地下工程混凝土性能试验原材料为 42.5 级低热水泥 b 和 42.5 级中热水泥 b，Ⅰ级粉煤灰 b、玄武岩人工骨料、高性能减水剂和引气剂 a。混凝土级配为二级配和三级配，含气量均为 4.5%～5.5%，常态混凝土坍落度为 60～80mm，泵送混凝土坍落度为 140～160mm，地下工程混凝土配合比主要参数见表 2.1-20。按照表 2.1-20 中混凝土配合比对地下工程混凝土性能开展研究。本节混凝土性能研究分别以 $C_{90}30$ 中热、低热水泥泵送混凝土，低热水泥二级配与三级配常态混凝土为例，编号分别为 DX9、DX17、DX14、DX20。

2.1.4.1　混凝土拌和物性能

地下工程各个配合比混凝土拌和物性能良好，无泌水，坍落度和含气量均满足设计要求。由表 2.1-20 可知，低热水泥二级配常态混凝土单位用水量介于 120～124kg/m³、泵送混凝土单位用水量为 145kg/m³，低热水泥三级配常态混凝土单位用水量介于 108～112kg/m³，相同混凝土类型中热水泥混凝土与低热水泥混凝土单位用水量基本一致。

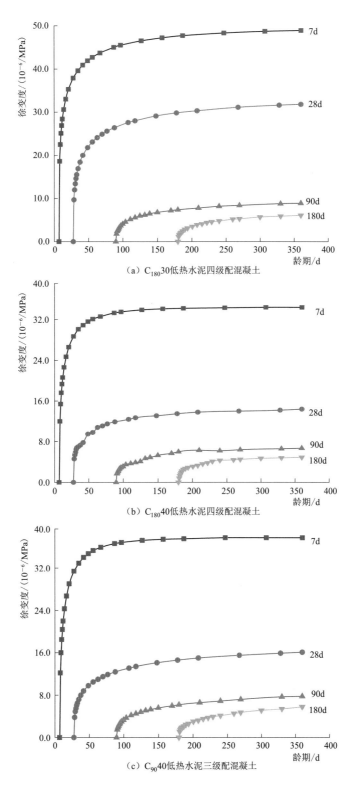

（a）C$_{180}$30低热水泥四级配混凝土

（b）C$_{180}$40低热水泥四级配混凝土

（c）C$_{90}$40低热水泥三级配混凝土

图 2.1-13　不同加荷龄期低热水泥混凝土徐变度与持荷时间的关系曲线

表 2.1-20 地下工程混凝土配合比主要参数

编号	混凝土强度等级	水泥品种	混凝土类型	级配	水胶比	粉煤灰掺量/%	砂率/%	单位用水量/(kg/m³)	减水剂掺量/%	引气剂掺量/‰
DX1	C25	中热	常态	二	0.45	25	35	120	0.8	0.08
DX2	C30	中热	常态	二	0.40	25	35	120	0.8	0.08
DX3	C₉₀25	中热	常态	二	0.50	35	36	120	0.8	0.08
DX4	C₉₀30	中热	常态	二	0.45	35	35	120	0.8	0.08
DX5	C₉₀35	中热	常态	二	0.41	35	35	120	0.8	0.09
DX6	C25	中热	泵送	二	0.45	25	42	145	0.8	0.05
DX7	C30	中热	泵送	二	0.40	25	41	145	0.8	0.05
DX8	C₉₀25	中热	泵送	二	0.48	35	42	145	0.7	0.05
DX9	C₉₀30	中热	泵送	二	0.45	35	42	145	0.8	0.03
DX10	C₉₀25	中热	常态	三	0.50	35	32	104	0.8	0.08
DX11	C25	中热	常态	三	0.45	25	31	106	0.8	0.08
DX12	C₉₀30	中热	常态	三	0.45	35	31	106	0.8	0.10
DX13	C₉₀40	中热	常态	三	0.38	35	30	109	0.8	0.10
DX14	C₉₀30	低热	常态	二	0.45	35	36	120	0.8	0.08
DX15	C₉₀25	低热	常态	二	0.50	35	36	122	0.8	0.07
DX16	C₉₀25	低热	泵送	二	0.48	35	42	145	0.7	0.04
DX17	C₉₀30	低热	泵送	二	0.45	35	42	145	0.8	0.04
DX18	C₉₀35	低热	常态	二	0.41	35	35	124	0.8	0.08
DX19	C₉₀25	低热	常态	三	0.50	35	32	108	0.8	0.08
DX20	C₉₀30	低热	常态	三	0.45	35	31	108	0.8	0.10
DX21	C₉₀40	低热	常态	三	0.38	35	31	112	0.8	0.11

2.1.4.2 混凝土力学性能

地下工程混凝土抗压强度、劈裂抗拉强度、轴向抗拉强度等力学性能试验结果表明，各配合比混凝土的设计龄期抗压强度均满足相应的配制强度要求，且有一定富余。二级配 C₉₀30 泵送混凝土强度发展规律见图 2.1-14。由图 2.1-14 可知，低热水泥混凝土 3d、7d、28d 龄期抗压强度低于中热水泥混凝土，90d、180d 龄期低热水泥混凝土抗压强度高于中热水泥混凝土；低热水泥混凝土劈裂抗拉强度、轴向抗拉强度与抗压强度有相似发展规律。

2.1.4.3 混凝土变形性能

（1）干缩。C₉₀30 混凝土干缩率随龄期变化过程曲线见图 2.1-15。由图 2.1-15 可知，混凝土前 14d 龄期干缩率发展较快，14~90d 龄期混凝土干缩率发展速率逐步放缓，90d 龄期以后混凝土干缩率趋于稳定，中热、低热水泥混凝土干缩发展规律基本一致。低热水泥混凝土 180d 龄期干缩率介于（521~557）×10⁻⁶，中热水泥泵送混凝土 180d 龄期干缩

28

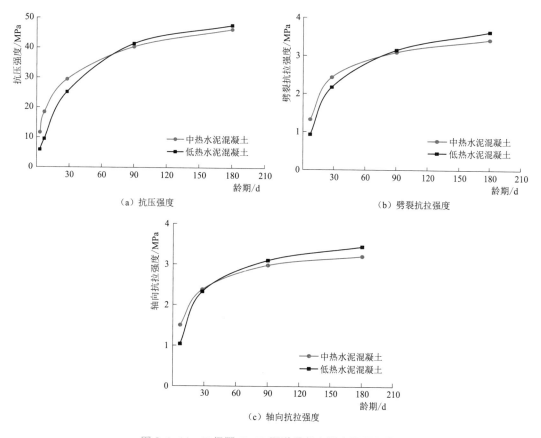

（a）抗压强度　　　　　　　　　（b）劈裂抗拉强度

（c）轴向抗拉强度

图 2.1−14　二级配 C$_{90}$30 泵送混凝土强度发展规律

率为 587×10^{-6}；在相同条件下低热水泥混凝土干缩率小于中热水泥混凝土；常态混凝土干缩率小于泵送混凝土；三级配常态混凝土干缩率略小于二级配常态混凝土。

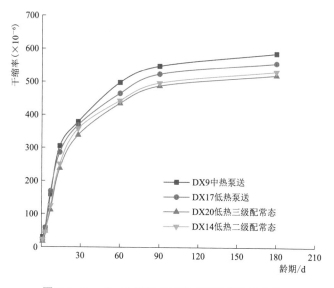

图 2.1−15　C$_{90}$30 混凝土干缩率随龄期变化曲线

（2）自生体积变形。$C_{90}30$ 混凝土自生体积变形随龄期变化曲线见图 2.1-16。由图 2.1-16 可知，低热水泥混凝土和中热水泥混凝土自生体积变形均表现为先收缩后膨胀，低热水泥混凝土 360d 龄期自生体积膨胀值介于（1~5）×10^{-6}，中热水泥泵送混凝土 360d 龄期自生体积膨胀值为 $7×10^{-6}$，均为微膨胀混凝土。

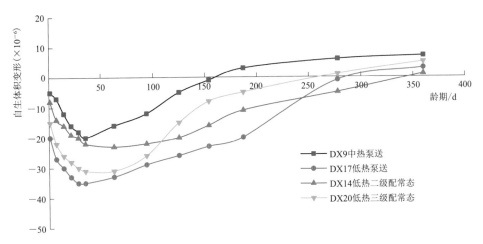

图 2.1-16 $C_{90}30$ 混凝土自生体积变形随龄期变化曲线

2.1.4.4 混凝土绝热温升

绝热温升是大体积混凝土温度控制的一个重要参数，直接影响大体积混凝土采取的温度控制措施及温度控制的难易程度。$C_{90}30$ 混凝土绝热温升过程曲线见图 2.1-17。由图 2.1-17 可知，低热水泥混凝土前 7d 龄期温度上升较快，7~20d 龄期混凝土温度上升速度逐渐降低，20d 龄期后绝热温升值变化趋于平缓，中热水泥混凝土绝热温升高于低热水泥混凝土，放热速率较高，发展规律与低热水泥混凝土相似。比较混凝土 28d 绝热温升值，低热水泥泵送混凝土比中热水泥泵送混凝土低约 6.1℃；低热水泥常态混凝土比泵送混凝

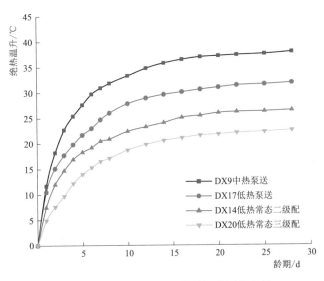

图 2.1-17 $C_{90}30$ 混凝土绝热温升过程曲线

土低约 5.4℃；三级配常态混凝土比二级配常态混凝土低约 3.9℃；采用低热水泥常态混凝土可有效降低混凝土绝热温升，且单位水泥用量越大，效果越显著。

2.1.4.5 混凝土抗冻性和抗渗性

地下工程混凝土设计龄期抗冻等级和抗渗等级试验结果分别大于 F200 和 W10，均能满足设计指标要求，其他条件相同时，低热水泥混凝土与中热水泥混凝土的抗冻性能和抗渗性能相近。

2.1.5 抗冲磨混凝土性能

抗冲磨混凝土性能试验原材料为 42.5 级低热水泥 a、Ⅰ级粉煤灰 a 和硅粉、玄武岩人工骨料、高性能减水剂和引气剂 b。混凝土级配为二级配，含气量均为 3.5%～4.5%，常态混凝土坍落度为 60～80mm，泵送混凝土坍落度为 140～160mm。大量试验研究成果表明，掺硅粉时，掺量为 5% 的硅粉混凝土综合性能更优。低热水泥抗冲磨混凝土配合比主要参数见表 2.1-21，对比了单掺粉煤灰、复掺粉煤灰和硅粉的低热水泥混凝土的性能。

表 2.1-21 低热水泥抗冲磨混凝土配合比主要参数

编号	混凝土强度等级	混凝土类型	级配	水胶比	粉煤灰掺量/%	硅粉掺量/%	砂率/%	单位用水量/（kg/m³）	减水剂掺量/%	引气剂掺量/‰
KM1	$C_{90}50$	常态	二	0.34	20	—	36	121	0.7	0.30
KM2	$C_{90}50$	常态	二	0.34	20	5	35	126	0.7	0.24
KM3	$C_{90}60$	常态	二	0.30	10	—	36	123	0.7	0.30
KM4	$C_{90}60$	常态	二	0.30	10	5	36	128	0.7	0.24
KM5	$C_{90}50$	泵送	二	0.34	25	—	42	133	0.7	0.20
KM6	$C_{90}60$	泵送	二	0.30	20	—	41	135	0.7	0.20

2.1.5.1 混凝土拌和物性能

各配合比抗冲磨混凝土拌和物性能良好，无泌水，坍落度和含气量均满足设计要求。由表 2.1-21 可知，单掺粉煤灰常态抗冲磨混凝土单位用水量介于 121～123kg/m³，复掺粉煤灰和硅粉常态抗冲磨混凝土单位用水量介于 126～128kg/m³，单掺粉煤灰泵送抗冲磨混凝土单位用水量介于 133～135kg/m³，其他条件相同时，达到相同的坍落度要求，复掺粉煤灰和硅粉混凝土比单掺粉煤灰混凝土用水量高约 5kg/m³。

2.1.5.2 混凝土力学性能

抗冲磨混凝土 28d 和 90d 龄期力学性能试验结果见图 2.1-18。由图 2.1-18 可知，各配合比混凝土的设计龄期抗压强度均满足相应的配制强度要求，且有一定富余。相同水胶比的抗冲磨混凝土，掺入 5% 硅粉对混凝土抗压强度无明显增强效果；抗冲磨混凝土劈裂抗拉强度、轴向抗拉强度与抗压强度有相似规律。

2.1.5.3 混凝土变形性能

（1）干缩。抗冲磨混凝土干缩率随龄期变化曲线见图 2.1-19。由图 2.1-19 可知，相同龄期时，复掺粉煤灰和硅粉抗冲磨混凝土的干缩率比单掺粉煤灰抗冲磨混凝土平均增

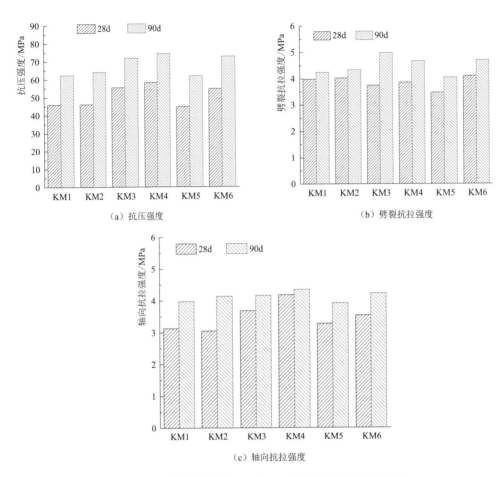

（a）抗压强度　　　　　　　　　　（b）劈裂抗拉强度

（c）轴向抗拉强度

图 2.1-18　抗冲磨混凝土 28d 和 90d 龄期力学性能试验结果

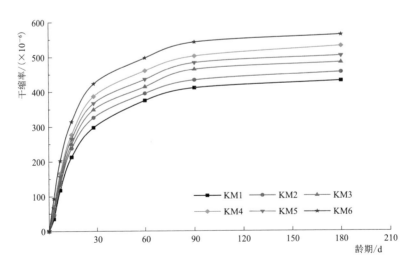

图 2.1-19　抗冲磨混凝土干缩率随龄期变化曲线

加了 8%。

（2）自生体积变形。抗冲磨混凝土自生体积变形过程曲线见图 2.1-20。由图 2.1-20可知，365d 龄期时，单掺粉煤灰抗冲磨混凝土自生体积变形表现为微膨胀，膨胀值介于（1~3）×10⁻⁶，复掺粉煤灰和硅粉抗冲磨混凝土自生体积变形表现为收缩，收缩值为−15×10⁻⁶；其他条件相同时，掺硅粉的混凝土收缩变形值增加了 16×10⁻⁶。

掺硅粉混凝土干缩与自生体积收缩较大，不利于抗冲磨混凝土抗裂性。

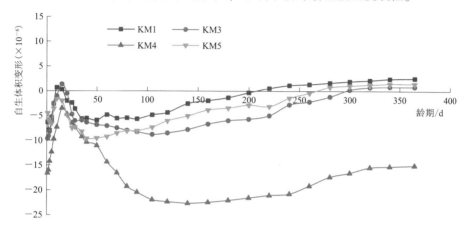

图 2.1-20　抗冲磨混凝土自生体积变形过程曲线

2.1.5.4　混凝土抗冲磨性能

采用水下钢球法和圆环法进行混凝土抗冲磨性能试验。水下钢球法是测定混凝土受水下流动介质磨损的相对抗力，用于评价混凝土表面的相对抗磨性能；圆环法则是测定混凝土在含砂水流冲刷下的抗冲磨性能，适用于相对比较和评定混凝土抵抗含砂水流冲磨作用的性能。

混凝土抗冲磨强度试验结果见表 2.1-22。由表 2.1-22 可知：

表 2.1-22　混凝土抗冲磨强度试验结果

编号	强度等级	混凝土类型	粉煤灰掺量/%	硅粉掺量/%	抗冲磨强度			
					水下钢球法/[h/(kg/m²)]		圆环法/[h/(g/cm²)]	
					90d	180d	90d	180d
KM1	$C_{90}50$	常态	20	—	7.4	9.9	2.3	4.1
KM2	$C_{90}50$		20	5	8.0	10.6	2.2	4.4
KM3	$C_{90}60$		10	—	9.6	12.7	2.5	4.8
KM4	$C_{90}60$		10	5	10.1	13.3	3.2	6.0
KM5	$C_{90}50$	泵送	25	—	6.8	9.2	2.1	3.9
KM6	$C_{90}60$		20	—	9.9	13.7	3.0	5.2

（1）水下钢球法结果表明 180d 龄期混凝土抗冲磨强度比 90d 龄期混凝土平均高约37%，圆环法结果表明 180d 龄期混凝土抗冲磨强度比 90d 龄期混凝土平均高约 89%，

180d 龄期抗冲磨强度有明显的提高。

（2）同龄期 $C_{90}60$ 混凝土抗冲磨强度高于 $C_{90}50$ 混凝土抗冲磨强度。

（3）复掺粉煤灰和硅粉混凝土的 180d 龄期抗冲磨强度与单掺粉煤灰混凝土相比，水下钢球法平均提高约 6%，圆环法平均提高约 9%，掺入硅粉对混凝土抗冲磨强度有一定提高，可能与掺入硅粉后混凝土抗压强度略有提高有关。

（4）同强度等级泵送混凝土与常态混凝土各龄期的抗冲磨强度相近。

2.1.5.5 混凝土抗裂性能

分别采用平板式限制收缩开裂试验方法（以下简称"平板法"）和温度应力试验机法对抗冲磨混凝土抗裂性能进行比较研究。平板法试验研究主要反映混凝土塑性收缩、自收缩和干燥收缩引起的混凝土早期开裂倾向，温度应力试验机法主要反映混凝土因早期温度变化的开裂敏感性。

（1）平板法。平板法中试件为平板状，试件的变形受到底部或者两端钢模板或钢架的约束。平板法的主要特点是易于操作，能迅速有效地研究混凝土和砂浆的塑性干缩性能。

按照《混凝土结构耐久性设计与施工指南》（CCES 01—2005）中的方法进行试验。筛除混凝土拌和物中粒径大于 20mm 的粗骨料，在平板试模中成型、振实、抹平，随后立即用湿麻袋覆盖，保持环境温度为 25℃±2℃，相对湿度为 60%±5%；2h 后将湿麻袋取下，用风扇吹混凝土表面；记录试件开裂时间、裂缝数量、裂缝长度和宽度。从浇注起，记录至 24h。根据 24h 内混凝土开裂情况，平行对比各配合比混凝土的抗裂性能。混凝土平板法抗裂试验过程见图 2.1-21。

混凝土平板法抗裂试验结果见表 2.1-23。由表 2.1-23 可知，在相同条件下，掺入硅粉缩短了混凝土的开裂时间，增大了开裂面积，降低了混凝土抗裂性；常态混凝土开裂时间长于泵送混凝土，开裂面积小于泵送混凝土，其抗裂性能优于泵送混凝土。

表 2.1-23　混凝土平板法抗裂试验结果

编号	强度等级	混凝土类型	开裂时间/min	裂缝条数/条	最大裂缝宽度/mm	开裂面积/mm²
KM1	$C_{90}50$	常态	274	5	1.5	508
KM2	$C_{90}50$		267	5	1.8	523
KM3	$C_{90}60$		257	6	1.0	625
KM4	$C_{90}60$		234	6	1.6	665
KM5	$C_{90}50$	泵送	222	7	1.1	713
KM6	$C_{90}60$		218	5	2.3	763

（2）温度应力试验机法。在单轴约束试验装置基础上研制出的温度应力试验机，可模拟混凝土在绝热绝湿条件下，绝热温升、自生体积变形、徐变、弹性模量等在不同龄期时对混凝土内部应力和开裂性能的综合影响；通过调整混凝土试件的温度，模拟测试大体积混凝土在不同温度梯度下的开裂敏感性，得到混凝土内部不同位置的温度应力分布情

（a）准备成型　　　　　　　　　　　　　　（b）振实后的试件

（c）试验平台　　　　　　　　　　　　　　（d）试件观测

图 2.1-21　混凝土平板法抗裂试验过程

况，为温度控制设计提供数据支持；对试件作恒温控制以进行混凝土的非温度影响变形试验，以得到不同环境温度对混凝土构件温度应力和开裂性能的影响。试验采用的温度应力试验机见图 2.1-22。温度应力试验机测试结果表征参数见表 2.1-24。

第二零应力温度是指当压应力全部降为零、开始出现拉应力时的温度，此时对应的时间即为第二零应力时间。当混凝土的抗拉强度小于混凝土受到的拉应力时就会产生裂缝。混凝土内部产生的压应力可以抵消一部分因体积收缩产生的拉应力，当压应力消失后，混凝土开裂就依赖自身抗拉强度。对处于约束环境下的大体积混凝土，内部温度达到最高后开始逐步下降，产生温度收缩变形，再加上混凝土的自收缩变形、干燥收缩变形等，收缩变形受到约束后使混凝土从受压状态逐步过渡到受拉状态，这个过渡零点对应的温度即为第二零应力温度。显然，第二零应力温度越低，混凝土处于受拉状态的时间越晚，越有利于抵抗混凝土开裂。

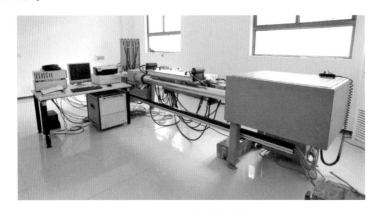

图 2.1-22　温度应力试验机

表 2.1-24　温度应力试验机测试结果表征参数

参　数	含　义
第一零应力温度 $T_{Z,1}$	在约束条件下，水化时因弹性模量增长首次出现压应力时刻的温度。$T_{Z,1}$ 表述了混凝土由塑性状态向黏弹性状态的转化
最大压应力 $\sigma_{c,max}$	在约束条件下，混凝土温升过程中的最大压应力
最大应力温度 $T_{\sigma,max}$	混凝土承受最大压应力时对应的温度
最高温度 T_{max}	在半绝热条件下，混凝土硬化过程中的最高温度
第二零应力温度 $T_{Z,2}$	当压应力全部降为零、开始出现拉应力时的温度。在混凝土降温段，水化初期由于混凝土的松弛度相对较高、弹性模量较大，所以一般 $T_{Z,2}$ 比 $T_{Z,1}$ 要得多，仅比 T_{max} 略低几度
第二零应力时间 $t_{Z,2}$	当压应力全部降为零、开始出现拉应力时的时间
开裂应力 σ	约束状态下混凝土开裂时对应的应力，在应力—时间曲线图中表现为混凝土所受拉应力的峰值转折点
开裂温度 T_c	约束试件开裂的温度，即拉应力超过抗拉强度。开裂温度表征试验混凝土的抗裂性：开裂温度越高，越容易出现早期温度裂缝
开裂时差 t_d	从强制降温的时间开始，到混凝土开裂的时间之差
开裂温差 T_d	混凝土内部最高温度与开裂温度的差值

混凝土的最高温度主要与混凝土的胶凝材料用量有关，胶凝材料用量越大，混凝土内部温度越高。大体积混凝土内部温度越高，将导致温降阶段混凝土的温度收缩变形越大。

混凝土因干缩变形、自生体积变形、温降收缩变形等受到约束后会产生内部拉应力，当拉应力大于混凝土抗拉强度时混凝土开裂，此时对应的应力即为混凝土的开裂应力，也等于约束状态下混凝土同龄期的抗拉强度。显然，开裂应力越大，混凝土抗裂性越好。

混凝土温升达到最高点稳定一段时间后开始人工强制降温，从最高温度降低至混凝土开裂时的温差即为混凝土所能承受的温降冲击，即开裂温差，承受的温降冲击越大，混凝土抗裂能力越好。

　　将抗冲磨混凝土拌和物搅拌后，在试验机内部浇注，采用振捣棒进行振实，抹平后开始进行试验。试验开始后，试验机的同步电机启动以保证试件处于 100% 约束状态，试验机同时跟踪试件内部中心温度，使得试件在半绝热/绝热情况下升温，当试件温度达到峰值后（即内部中心温度稳定），对试件进行降温，降温速率为 1℃／（3~5）min，直至试件开裂。

　　抗冲磨混凝土温度应力试验关键参数见表 2.1-25。由表 2.1-25 可知，其他条件相同时，掺入硅粉提高了混凝土第二零应力温度、降低了开裂应力和开裂温差，不利于混凝土抗裂性能；常态混凝土第二零应力低于泵送混凝土，开裂应力和开裂温差高于泵送混凝土，抗裂性能更好。

表 2.1-25　抗冲磨混凝土温度应力试验关键参数

编号	混凝土类型及强度等级	第一零应力温度/℃	最大压应力的温度/℃	第二零应力温度/℃	最高温度/℃	开裂应力/MPa	开裂温度/℃	开裂温差/℃
KM1	常态 $C_{90}50$	21.4	51.2	47.2	54.7	1.01	−6.5	61.2
KM2	常态 $C_{90}50$	23.0	53.4	51.6	58.9	0.85	−2.0	60.9
KM3	常态 $C_{90}60$	25.2	57.3	54.6	60.1	0.91	1.0	59.1
KM4	常态 $C_{90}60$	25.0	57.4	56.1	62.4	0.71	4.0	58.4
KM6	泵送 $C_{90}60$	24.8	59.8	58.7	64.5	0.68	6.3	58.2

　　温度应力试验机法试验结果与平板法试验结果基本一致。

2.1.5.6　混凝土抗冲击性能

　　抗冲磨混凝土的抗冲击性能按照《水泥混凝土和砂浆用合成纤维》（GB/T 21120—2007）附录 C 规定的方法进行试验，筛除混凝土拌和物中粒径大于 20mm 的粗骨料，每组样品成型 6 个试件，试件尺寸为 ϕ150mm×64mm，养护至规定龄期后取出进行试验。抗冲击试验装置示意图见图 2.1-23。钢锤的质量为 4.58kg，从锤中心点到试件上表面垂直距离为 457mm，钢锤自由下落冲击试件上表面，每次冲击后仔细观察试件表面裂缝扩展，直至试件与冲击底座四块挡板中的任意三块接触，此时确定为试件破坏，记录破坏时的冲击次数。抗冲磨混凝土的抗冲击性能试验结果见表 2.1-26。部分抗冲磨混凝土试件受冲击破坏形态见图 2.1-24。

表 2.1-26　抗冲磨混凝土抗冲击性能试验结果

编号	强度等级	混凝土类型	粉煤灰掺量/%	硅粉掺量/%	抗冲击破坏时的冲击次数	
					90d	180d
KM1	$C_{90}50$	常态	20	—	132	235
KM2	$C_{90}50$		20	5	150	234
KM3	$C_{90}60$		10	—	285	316
KM4	$C_{90}60$		10	5	269	293
KM5	$C_{90}50$	泵送	25	—	140	220
KM6	$C_{90}60$		20	—	235	264

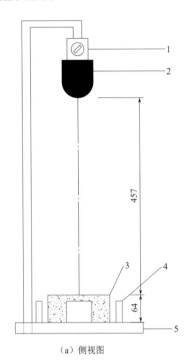

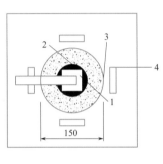

（a）侧视图　　　　　　　　　　　　（b）俯视图

图 2.1-23　抗冲击试验装置示意图（单位：mm）

1—电磁开关；2—钢锤；3—混凝土试件；4—与底座牢固焊接的挡板；5—平钢板底座

（a）KM1混凝土　　　　　　　　　　　（b）KM2混凝土

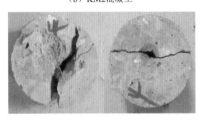

（c）KM3混凝土　　　　　　　　　　　（d）KM4混凝土

（e）KM5混凝土

图 2.1-24　部分抗冲磨混凝土试件受冲击破坏形态

由表 2.1-26 和图 2.1-24 可知:

(1) 180d 龄期混凝土抗冲击破坏时的冲击次数比 90d 龄期混凝土平均高约 30%，抗冲击性能明显提高。

(2) $C_{90}60$ 混凝土抗冲击破坏时的冲击次数明显高于同龄期 $C_{90}50$ 混凝土，抗冲击性能更好。

(3) 其他条件相同时，掺入硅粉降低了混凝土抗冲击性能。

(4) 其他条件相同时，常态混凝土抗冲击性能优于泵送混凝土。

2.1.5.7 混凝土配合比建议

综合对比单掺粉煤灰、复掺粉煤灰和硅粉的抗冲磨混凝土性能，掺硅粉混凝土除力学性能、抗冲磨强度略有提高外，混凝土单位用水量、胶凝材料用量、干缩率和自生体积变形收缩量均增加，混凝土干缩开裂风险增大、抗冲击性能降低，掺硅粉对抗冲磨混凝土整体抗裂性不利。另外，复掺硅粉后混凝土黏聚性增大，使混凝土抹面困难，对早期养护要求更高，且增加了混凝土的绝热温升，增加了混凝土成本。

因此，建议白鹤滩水电站工程抗冲磨混凝土不掺硅粉。

2.1.6 推荐配合比参数

大坝低热水泥混凝土推荐配合比参数见表 2.1-27，表中"三 F"表示三级配富浆混凝土。混凝土坍落度控制在 30～50mm 范围内，含气量控制在 4.5%～5.5% 范围内，引气剂掺量以满足混凝土含气量要求为准。

表 2.1-27 大坝低热水泥混凝土推荐配合比参数

序号	混凝土强度等级	使用部位	级配	水胶比	粉煤灰掺量/%	砂率/%	高效减水剂掺量/%	用水量/(kg/m³)	胶凝材料用量/(kg/m³) 水泥	胶凝材料用量/(kg/m³) 粉煤灰
1	$C_{180}40$	大坝 A 区	四	0.42	35	23		80	124	66
2			三	0.42	35	29		94	146	78
3			三 F	0.42	35	31		99	153	83
4			二	0.42	35	34		112	174	93
5	$C_{180}35$	大坝 B 区	四	0.46	35	24		80	113	61
6			三	0.46	35	30		94	133	71
7			三 F	0.46	35	32	0.5～0.7	98	138	75
8			二	0.46	35	35		112	158	85
9	$C_{180}30$	大坝 C 区	四	0.50	35	24		80	104	56
10			三	0.50	35	30		94	122	66
11			三 F	0.50	35	32		98	127	69
12			二	0.50	35	36		112	146	78
13	$C_{90}40$	孔口及闸墩	三	0.40	35	29		95	155	83
14			二	0.40	35	35		112	182	98

其他工程部位混凝土推荐配合比参数见表 2.1-28。常态混凝土坍落度为 60~80mm，泵送混凝土坍落度为 140~160mm，抗冲磨混凝土含气量均为 3.5%~4.5%，其他混凝土含气量为 4.5%~5.5%，引气剂掺量以满足混凝土含气量要求为准。

表 2.1-28　其他工程部位混凝土推荐配合比参数

编号	混凝土强度等级	使用部位	混凝土类型	级配	水胶比	粉煤灰掺量/%	砂率/%	高性能减水剂掺量/%	用水量/(kg/m³)	胶凝材料用量/(kg/m³)	
										水泥	粉煤灰
1	C25	板梁柱等结构混凝土	常态	二	0.45	25	35	0.8	120	200	67
2	C30		常态	二	0.40	25	35	0.8	120	225	75
3	C25		泵送	二	0.45	25	42	0.8	142	237	79
4	C30		泵送	二	0.40	25	41	0.8	142	266	89
5	$C_{90}30$	洞室衬砌混凝土	常态	二	0.45	35	36	0.8	120	173	93
6	$C_{90}25$		常态	二	0.50	35	36	0.8	122	159	85
7	$C_{90}25$		泵送	二	0.48	35	42	0.8	145	196	106
8	$C_{90}30$		泵送	二	0.45	35	42	0.8	145	209	113
9	$C_{90}35$		常态	二	0.41	35	35	0.8	124	197	106
10	$C_{90}25$	水垫塘与二道坝、进水塔、厂房、导流洞底板混凝土	常态	三	0.5	35	32	0.8	108	140	76
11	$C_{90}30$		常态	三	0.45	35	31	0.8	108	156	84
12	$C_{90}40$		常态	三	0.38	35	31	0.8	112	192	103
13	$C_{180}30$		常态	二	0.50	35	36	0.7	120	156	84
14	$C_{180}30$		常态	三	0.50	35	31	0.7	103	134	72
15	$C_{180}30$		常态	四	0.50	35	24	0.7	81	105	57
16	$C_{180}40$		常态	二	0.41	35	34	0.7	120	190	103
17	$C_{180}40$		常态	三	0.41	35	29	0.7	103	163	88
18	$C_{90}50$	泄洪洞、水垫塘抗冲磨混凝土	常态	二	0.34	20	36	0.7	121	285	71
19	$C_{90}60$		常态	二	0.30	10	36	0.7	123	369	41
20	$C_{90}50$		泵送	二	0.34	25	42	0.7	133	293	98
21	$C_{90}60$		泵送	二	0.30	20	41	0.7	135	360	90

2.2　低热水泥与中热水泥性能比较

2.2.1　水泥水化机理

2.2.1.1　水化产物

低热水泥与中热水泥同属硅酸盐水泥系列，其矿物成分种类完全相同，只是矿物成分比例不同。《中热硅酸盐水泥　低热硅酸盐水泥》（GB/T 200—2017）规定中热水泥的

C₃S 含量不大于 55.0%，低热水泥的 C_2S 含量不小于 40.0%。

X 射线衍射分析（X-Ray Diffraction，XRD）利用衍射原理，测定物质的晶体结构，进行较为精确的物相分析，用于分析水泥矿物如 C_3S、C_2S 以及水化产物 $Ca(OH)_2$（以下简称"CH"）在水化过程中的变化。中热、低热水泥及其水泥浆体的 XRD 图谱分别见图 2.2-1、图 2.2-2，其中用 Z、D 分别代表中热水泥、低热水泥粉体，掺 35% 粉煤灰的中热、低热水泥浆体的 XRD 图谱分别见图 2.2-3、图 2.2-4，由图 2.2-1~图 2.2-4 可知：

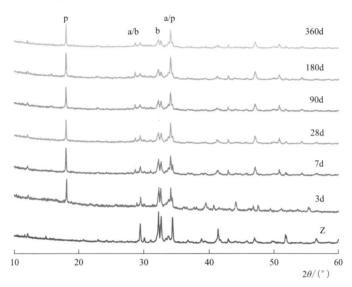

图 2.2-1　中热水泥及其水泥浆体的 XRD 图谱

a—C_3S；p—CH；b—C_2S

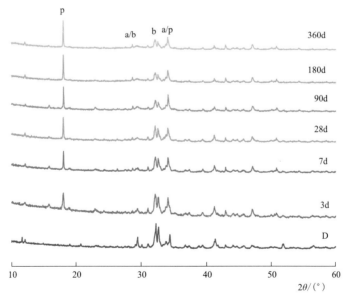

图 2.2-2　低热水泥及其水泥浆体的 XRD 图谱

a—C_2S；p—CH；b—C_3S

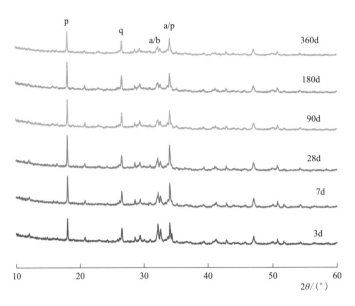

图 2.2 3　掺 35% 粉煤灰的中热水泥浆体的 XRD 图谱
a—C_3S；p—CH；b—C_2S；q—SiO_2

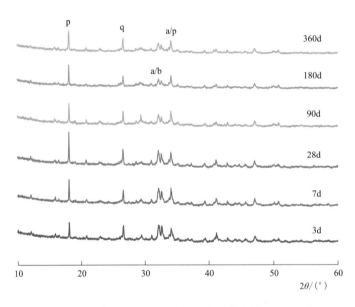

图 2.2 4　掺 35% 粉煤灰的低热水泥浆体的 XRD 图谱
a—C_3S；p—CH；b—C_2S；q—SiO_2

（1）相同龄期时，低热水泥和中热水泥的水化产物种类相同。

（2）随着水化龄期增长，CH 的衍射峰强度逐渐增加，而 C_3S 和 C_2S 矿物的衍射峰强度相应降低。

（3）与相同龄期的低热水泥浆体相比，中热水泥浆体中 CH 的衍射峰强度较高，而水泥矿物衍射峰强度略低，表明在同等水化条件下，中热水泥水化速率较快，这与中热水泥

C_3S 含量较高有关。

（4）90d 龄期后，掺 35% 粉煤灰中热和低热水泥浆体 CH 的衍射峰强度均明显降低，此外，粉煤灰的衍射峰强度也有一定程度减弱，说明粉煤灰与 CH 发生了二次水化反应。

从水泥水化反应分析，C_3S 和 C_2S 的水化反应的简化公式见式（2.2-1）和式（2.2-2）：

$$2C_3S + 7H \longrightarrow C_3S_2H_4 + 3CH, \quad \Delta H = -111.4 \text{ kJ/mol} \quad (2.2-1)$$

$$2C_2S + 5H \longrightarrow C_3S_2H_4 + CH, \quad \Delta H = -43 \text{ kJ/mol} \quad (2.2-2)$$

虽然 C_3S 和 C_2S 具有相同的水化产物，但后者需水量低，水化放热量少，水化生成的 CH 仅为前者的 1/3。水泥水化和混凝土耐久性研究表明，CH 既是硅酸盐水泥水化产物中不可缺少的组分，也是造成混凝土耐久性不良的主要原因之一。一方面，水泥水化浆体中需要 CH 维持一定的碱度以保持水化产物中水化硅酸钙（以下简称"C-S-H"）凝胶的稳定性，同时 CH 又是硅质及硅铝质掺合材料的碱性激发源；另一方面，浆体中的 CH 具有较高的二次反应能力和一定的溶解度，易在不利环境条件中受到物理和化学侵蚀，且 CH 易在水泥浆体与骨料界面区域富集并择优取向，形成结构疏松的界面过渡区，影响混凝土的性能。

各龄期中热、低热水泥浆体中 CH 含量见图 2.2-5。由图 2.2-5 可知：

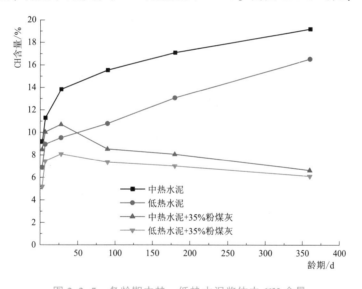

图 2.2-5　各龄期中热、低热水泥浆体中 CH 含量

（1）对于不掺粉煤灰的水泥浆体，随龄期的增长，水泥水化程度逐渐提高，CH 含量逐渐增加。中热水泥浆体的 CH 含量由水化 3d 龄期时的 9.2% 增长至 360d 龄期时的 19.2%，低热水泥浆体中的 CH 含量由水化 3d 龄期时的 6.9% 增长至 360d 龄期时的 15.1%。

（2）各龄期中热水泥浆体中的 CH 含量高于低热水泥浆体，两种水泥 CH 含量的差异与两种水泥的水化程度及矿物成分有关，低热水泥 C_3S 含量较低，C_2S 含量较高，一方面水泥水化速率较慢，另一方面与 C_3S 相比，C_2S 水化生成的 CH 也较少。

（3）掺粉煤灰水泥浆体各龄期 CH 含量较不掺粉煤灰的水泥浆体低；28d 龄期后，水泥浆体中的 CH 含量随龄期增长逐渐降低，表明粉煤灰在后期参与了水化，消耗了水化浆体中的 CH，且 CH 的消耗速度大于水泥水化产生的 CH 速度；同龄期中热水泥浆体的 CH 含量下降幅度大于低热水泥。

2.2.1.2　水化产物形貌

通过扫描电子显微镜（Scanning Electron Microscopy，SEM）图片可以更直观看到不同水化浆体的水化产物及其形貌。不同龄期中热水泥、低热水泥浆体的 SEM 图片见图 2.2-6，不同龄期掺 35% 粉煤灰的中热水泥、低热水泥浆体的 SEM 图片见图 2.2-7。由图 2.2-6、图 2.2-7 可知：

（a）中热水泥，7d龄期

（b）中热水泥，28d龄期

（c）中热水泥，180d龄期

图 2.2-6（一）　不同龄期中热水泥、低热水泥浆体的 SEM 图片

（d）低热水泥，7d龄期

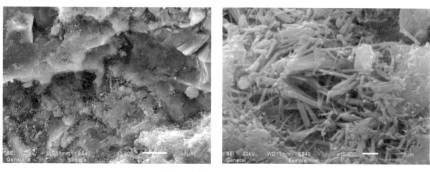

（e）低热水泥，28d龄期

（f）低热水泥，180d龄期

图 2.2-6（二）　不同龄期中热水泥、低热水泥浆体的 SEM 图片

（a）中热水泥+35%粉煤灰，3d龄期

图 2.2-7（一）　不同龄期掺 35%粉煤灰的中热水泥、低热水泥浆体的 SEM 图片

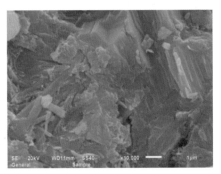

（b）中热水泥+35%粉煤灰，28d龄期

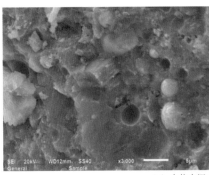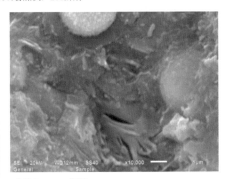

（c）中热水泥+35%粉煤灰，180d龄期

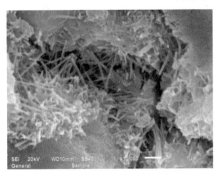

（d）低热水泥+35%粉煤灰，3d龄期

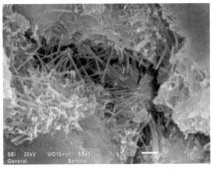

（e）低热水泥+35%粉煤灰，28d龄期

图 2.2-7（二）　不同龄期掺 35%粉煤灰的中热水泥、低热水泥浆体的 SEM 图片

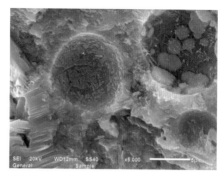

（f）低热水泥+35%粉煤灰，180d龄期

图 2.2-7（三）　不同龄期掺 35% 粉煤灰的中热水泥、低热水泥浆体的 SEM 图片

（1）中热水泥水化 7d 时，水泥颗粒表面形成 1~2μm 的蠕虫状 C-S-H 且初步搭接成网状形貌，浆体孔隙内存在较多的钙矾石（AFt）晶体，也可观测到少许 CH 片状晶体堆积；水化 28d 龄期时，蠕状水化产物 C-S-H 较多，C-S-H 相互搭接堆积，填充了孔隙，CH 晶体发育长大且分布较广，未观测到 AFt 晶体；至 180d 龄期时，很难发现取向生长、尺寸较大的 CH 晶体，1μm 左右的蠕状水化产物 C-S-H 较多，CH 晶体和 C-S-H 紧密堆积。

（2）低热水泥水化 7d 时，孔隙内存在较多的 AFt 晶体，也可以看到少许尺寸较大的 CH 层状晶体，水泥颗粒表面及孔隙结构中形成放射状的、规则的针状 C-S-H 且搭接成网状；水化 28d 时，水化产物数量增加，未水化颗粒表面及孔隙内 C-S-H 分布较多，C-S-H 呈针棒状，长度为 1~2μm，C-S-H 搭接较为密集，孔隙内有少量 CH 和 AFt 晶体；至 180d 龄期时，取向生长的 CH 晶体较少，颗粒状 C-S-H 较多。

（3）与不掺粉煤灰的中热水泥浆体相比，3d 龄期时，掺 35% 粉煤灰的中热水泥胶凝体系中水化产物形貌发生较大改变，C-S-H 几何形状更规则且长度变短，针状 C-S-H 长度约 1μm，C-S-H 在粉煤灰颗粒表面加速结晶析出，搭接成较为密集的网状 C-S-H，在 C-S-H 间隙和孔隙中可见结晶完好的 AFt 晶体；28d 龄期时，CH 晶体增多，C-S-H 长大成不规则的蠕虫状并搭接密实，粉煤灰颗粒表面遭到轻微侵蚀；至 180d 龄期时，水化产物堆积致密，CH 无取向生长，未发现水化早期形成的密集的针棒状水化产物，粉煤灰颗粒表面遭受不同程度侵蚀。

（4）与不掺粉煤灰的低热水泥浆体相比，3d 龄期时，掺 35% 粉煤灰的低热水泥胶凝体系中 C-S-H 微晶几何形貌较为规则，呈放射型的细针状，且分布更为密集；28d 龄期时，水化产物 C-S-H 较多，呈针棒状且相互搭接形成较为密集的结构，孔隙内有少量 CH 和 AFt 晶体。至 180d 龄期时，CH 层状晶体较多，水化产物堆积致密，但 C-S-H 较少。此外，可以看到粉煤灰颗粒表面遭受不同程度侵蚀，表层覆盖较多水化产物，说明粉煤灰也参与了水化反应。

2.2.1.3　孔结构分析

压汞测孔方法（Mercury Intrusion Porosimetry，MIP）是混凝土材料科学研究中常用的孔结构特征测试评价方法。它是根据压入混凝土中水银的数量与所加压力之间的函数关系，计算孔的直径和体积，同时可以确定孔径分布、孔隙率、比表面积等多项参数。MIP的实质是把多孔材料内部连通孔中的气体抽出，然后在外压作用下使汞填充孔隙。压入材料中的汞量与孔径的大小及分布情况有关，压汞压力与孔径大小有关，孔径越小所需压汞压力越大，反之亦然。

采用MIP法分别测试不同胶凝材料体系浆体孔结构，试验结果见表2.2-1。由表2.2-1可知：

（1）随着水化龄期增长，不同胶凝材料体系浆体的孔隙率和中位孔径降低，表明水化过程中水化产物不断填充孔隙，改善浆体孔隙结构。

（2）3d、7d龄期时，低热水泥水化浆体的孔隙率、中位孔径较中热水泥略高；28d、90d、180d、360d龄期时，低热水泥水化浆体的孔隙率和中位孔径较中热水泥低。

（3）3d、7d龄期时，粉煤灰主要起填充作用，掺粉煤灰胶凝材料体系浆体的孔隙率和中位孔径高于未掺粉煤灰浆体；28d、90d、180d、360d龄期时，由于粉煤灰与水泥水化反应产生的CH发生二次水化反应，析出水泥水化产物，从而填充浆体孔隙，随着龄期增长，掺粉煤灰胶凝材料体系浆体的孔隙率和中位孔径与未掺粉煤灰浆体的差距逐渐减小。

表2.2-1　不同胶凝材料体系浆体孔结构试验结果

水泥品种	粉煤灰掺量/%	龄期/d	中位孔径/nm	孔隙率/%	孔径分布/%					
					<20nm	20~50nm	50~100nm	100~150nm	150~200nm	>200nm
中热	0	3	90.4	29.7	15.1	17.9	21.5	13.5	13.5	18.6
		7	71.8	26.5	17.9	21.2	27.8	10.7	12.5	9.9
		28	41.5	21.7	23.2	30.9	23.1	6.6	7.8	8.4
		90	36.6	18.4	28.0	33.7	22.3	6.0	7.6	2.3
		180	23.3	17.1	30.1	27.9	21.5	10.5	5.4	4.6
		360	21.5	17.0	42.4	27.8	18.9	4.6	3.2	3.1
低热	0	3	94.7	32.1	12.6	20.1	21.6	16.2	12.3	17.2
		7	73.4	30.4	14.8	24.8	31.5	8.2	8.6	12.0
		28	37.2	19.6	32.7	30.3	18.6	7.3	6.1	5.1
		90	30.1	14.6	37.0	30.3	19.7	6.5	2.0	4.5
		180	21.9	13.3	41.4	31.8	14.3	5.5	3.2	3.8
		360	20.2	13.1	46.5	25.1	9.7	9.1	3.2	6.4
中热	35	3	131.1	35.4	10.2	11.4	11.6	25.4	15.7	25.7
		7	118.2	33.7	14.6	13.4	10.7	24.5	13.0	23.8
		28	47.4	31.6	28.7	24.0	34.6	1.3	1.8	9.5
		90	38.4	28.6	31.5	32.6	25.8	1.9	5.8	2.4
		180	30.2	21.8	35.7	51.5	2.4	0.2	0.1	10.0
		360	28.9	21.1	42.5	37.7	6.7	6.1	4.2	2.8

水泥品种	粉煤灰掺量/%	龄期/d	中位孔径/nm	孔隙率/%	孔径分布/%					
					<20nm	20~50nm	50~100nm	100~150nm	150~200nm	>200nm
低热	35	3	140.2	38.4	10.8	11.5	16.5	17.8	12.1	31.2
		7	126.4	35.6	14.5	15.7	18.1	14.7	10.6	26.4
		28	48.2	24.7	34.5	32.4	17.2	2.0	2.7	11.3
		90	33.1	20.1	37.0	35.7	15.5	2.4	7.6	1.9
		180	22.7	16.1	30.7	42.2	16.0	7.5	2.0	1.6
		360	21.5	15.9	45.1	29.1	16.8	4.3	2.1	2.6

2.2.2 水泥水化热

2.2.2.1 早龄期水化热

水泥的水化是一种缓慢的放热过程，水泥水化热的测定方法包括直接法和溶解热法两种。直接法是依据热量计在恒定的温度环境下，直接测定热量计内水泥胶砂的温度变化，通过计算热量计内积蓄的和散失的热量总和，求得水泥水化一定龄期内的水化热；溶解热法是在热量计周围温度一定的条件下，将未水化的水泥与水化一定龄期的水泥分别在一定浓度的标准酸溶液中溶解，测得溶解热之差，作为水泥在该龄期内所放出的水化热。

按照《水泥水化热测定方法》（GB/T 12959—2008）规定的直接法测定水泥的早龄期水化热，7d 龄期内的水化热试验结果见图 2.2-8，3d 龄期内的水化放热速率曲线见图 2.2-9。由图 2.2-8 和图 2.2-9 可知，3d 龄期以前，水泥水化放热速率逐渐升高，其后放热速率逐渐降低。在加速期，低热水泥的水化放热速率较中热水泥低，中热水泥在加水拌和后 6.8h 即达到峰值，低热水泥在加水拌和后 10.2h 达到峰值，且中热水泥的峰值较低热水泥高。在减速期，由于 C_2S 的水化反应，低热水泥的水化反应速率较中热水泥高。

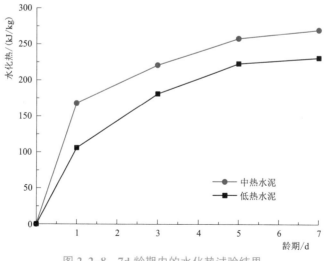

图 2.2-8　7d 龄期内的水化热试验结果

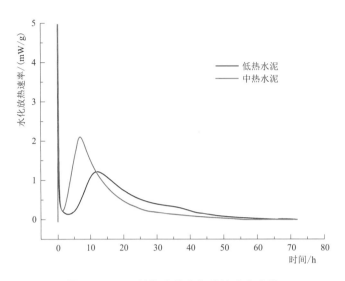

图 2.2-9 3d 龄期内的水化放热速率曲线

2.2.2.2 长龄期水化热

按照《水泥水化热测定方法》（GB/T 12959—2008）规定的溶解热法测定水泥的长龄期水化热，水泥水化热随时间变化的关系曲线见图 2.2-10。由图 2.2-10 可知：

（1）随着龄期增长，水泥水化放热速率降低，中热水泥、低热水泥的水化热均增加，但同龄期低热水泥的水化热均比中热水泥的低；至 2 年龄期，水泥水化热虽有小幅度增长，但低热水泥的水化热仍低于中热水泥，差值为 53kJ/kg。

（2）低热水泥与中热水泥的 1d、3d 和 5d 龄期水化热比值分别为 59%、79% 和 86%，7d 龄期及以后比值为 85%～87%。

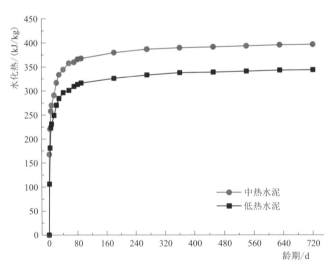

图 2.2-10 水泥水化热随时间变化的关系曲线

2.2.2.3 水泥的最终水化热估算

1. 根据矿物组成计算

水泥水化热的大小与放热速率主要取决于水泥熟料的矿物组成。水泥熟料各单矿物完全水化时的放热量大小顺序为：$C_3A > C_3S > C_4AF > C_2S$，不同学者测定的水泥熟料各矿物特征龄期水化热值存在一定差异，主要矿物完全水化时的水化热见表 2.2-2。

表 2.2-2　水泥熟料主要矿物完全水化时的水化热　　　　　　　　单位：kJ/kg

矿物成分	Woods 等 （1932）	Lerch 等 （1934）	Verbeck 等 （1950）	Bogue （1947）	平均值
C_3S	569	502	490	510	518
C_2S	259	259	222	247	247
C_3A	837	866	1364	1356	1106
C_4AF	126	418	464	427	359

Verbeck 等（1950）通过大量试验测得水泥的水化热，再由化学组成计算出水泥的矿物含量，最后用最小二乘法得出了多元回归水化热经验公式，水泥的最终水化热可用式（2.2-3）表示：

$$Q_t = a_t P_{C_3S} + b_t P_{C_2S} + c_t P_{C_3A} + d_t P_{C_4AF} \tag{2.2-3}$$

式中：Q_t 为水泥 t d 龄期时的累积水化热，kJ/kg；a_t、b_t、c_t、d_t 分别为 C_3S、C_2S、C_3A、C_4AF 在 t d 龄期时对应的水化热，kJ/kg；P_{C_3S}、P_{C_2S}、P_{C_3A}、P_{C_4AF} 分别为 C_3S、C_2S、C_3A、C_4AF 在水泥中的质量百分比,%。

由式（2.2-3）计算水泥最终水化热，见表 2.2-3。

表 2.2-3　水泥的最终水化热计算值　　　　　　　　单位：kJ/kg

水泥品种	Woods 等 （1932）	Lerch 等 （1934）	Verbeck 等 （1950）	Bogue （1947）	平均值
中热水泥	387	400	401	411	400
低热水泥	332	356	349	361	349

由计算结果可知，随着龄期增长，水泥水化放热速率降低，水化热增长，但其不会无限制增长下去，水泥的矿物组成决定了其最终水化热，低热水泥的最终水化热比中热水泥低 51kJ/kg，二者水化热之比为 87%。

2. 根据试验结果拟合

利用试验数据拟合曲线来描述水泥的水化放热过程，常见的拟合关系式有指数型和双曲线型，拟合关系式分别见式（2.2-4）和式（2.2-5）：

指数型：
$$Q_t = Q_0 \left[1 - \exp\left(-mt^n \right) \right] \tag{2.2-4}$$

双曲线型：
$$Q_t = Q_0 \frac{t^n}{m + t^n} \tag{2.2-5}$$

式中: Q_t 为 t d 龄期时的累积水化热, kJ/kg; Q_0 为最终水化热, kJ/kg; t 为龄期; m、n 为常数。

根据式 (2.2-4) 和式 (2.2-5) 拟合水泥最终水化热, 结果见表2.2-4。

表 2.2-4 水泥最终水化热 (Q_0) 拟合结果

水泥品种	关系式	Q_0 拟合值/(kJ/kg)	m	n	均方差	决定系数 R^2
中热水泥	式 (2.2-4)	393	0.57	0.35	3.86	0.996
	式 (2.2-5)	423	1.54	0.51	4.01	0.996
低热水泥	式 (2.2-4)	331	0.48	0.42	8.70	0.980
	式 (2.2-5)	345	1.96	0.67	6.23	0.990

由拟合结果可知, 低热水泥的最终水化热比中热水泥低, 利用式 (2.2-4) 和式 (2.2-5) 计算的差值分别为62kJ/kg和78kJ/kg。

无论是根据矿物组成计算, 还是根据试验结果拟合, 低热水泥的水化热均不会无限制增长, 有一个极限值, 且比中热水泥低。

2.2.3 水泥长龄期力学性能

低热水泥和中热水泥长龄期胶砂强度对比曲线见图2.2-11。由图2.2-11可知, 低热水泥早期强度发展缓慢, 后期强度增长较快; 与中热水泥对比, 28d龄期前低热水泥强度略低, 但随着龄期的增加, 低热水泥强度逐渐增长, 90d龄期时, 低热水泥强度超过中热水泥; 2年龄期时, 低热水泥抗压强度和抗折强度均是中热水泥强度的1.06倍。

以28d龄期强度为基准, 低热水泥和中热水泥长龄期强度增长率对比曲线见图2.2-12。由图2.2-12可知, 低热水泥具有较高的强度增长率, 随龄期增长, 强度增长变缓。与中热水泥对比, 低热水泥28d龄期后的强度增长率明显高于中热水泥; 2年龄期时, 低热水泥的抗压强度增长率、抗折强度增长率分别为中热水泥的1.22倍、1.11倍。

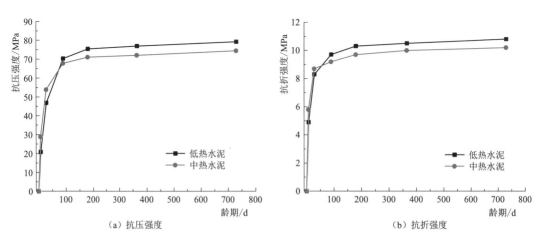

（a）抗压强度　　　　　　　　（b）抗折强度

图 2.2-11 低热水泥和中热水泥长龄期胶砂强度对比曲线

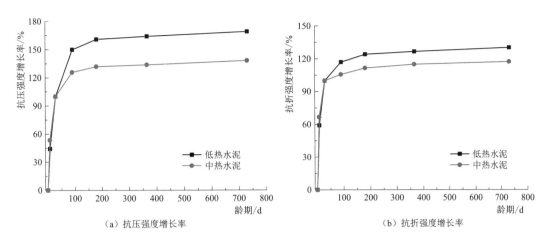

（a）抗压强度增长率　　　　　　　（b）抗折强度增长率

图 2.2-12　低热水泥和中热水泥长龄期强度增长率对比曲线

2.3　低热水泥和中热水泥混凝土性能比较

以大坝 $C_{180}40$ 混凝土为例，比较了同配合比条件下低热水泥混凝土与中热水泥混凝土性能。

2.3.1　混凝土抗压强度和劈裂抗拉强度

中热、低热水泥混凝土抗压强度和抗压强度增长率随龄期发展曲线见图 2.3-1，劈裂抗拉强度和劈裂抗拉强度增长率随龄期发展曲线见图 2.3-2。由图 2.3-1 和图 2.3-2 可知：

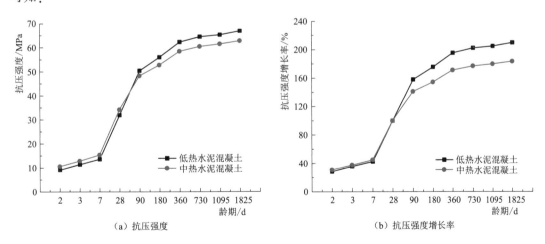

（a）抗压强度　　　　　　　　　（b）抗压强度增长率

图 2.3-1　混凝土抗压强度和抗压强度增长率随龄期发展曲线

（1）与中热水泥混凝土相比，28d 龄期以前低热水泥混凝土的抗压强度、劈裂抗拉强度较低；90d 龄期时，低热水泥混凝土的强度略高；180d 龄期后，低热水泥混凝土的强度均较高；5 年龄期时，低热水泥混凝土的抗压强度高 6.5%，劈裂抗拉强度高 7.6%。

（2）以 28d 龄期混凝土强度为 100%，低热水泥混凝土 28d 龄期前的强度增长率低于中热水泥混凝土，90d 龄期之后的强度增长率高于中热水泥混凝土；5 年龄期时，低热水泥混凝土抗压强度增长率为 210%，中热水泥混凝土抗压强度增长率为 184%。

（3）混凝土强度随龄期增加而稳步增长，前期发展较快，后期放缓，逐步趋于稳定状态，未出现强度倒缩现象。与中热水泥混凝土相比，低热水泥混凝土早期强度发展缓慢，但 28d 龄期后，强度增长率逐步超过中热水泥混凝土，使得 90d 龄期后混凝土强度超过中热水泥混凝土。

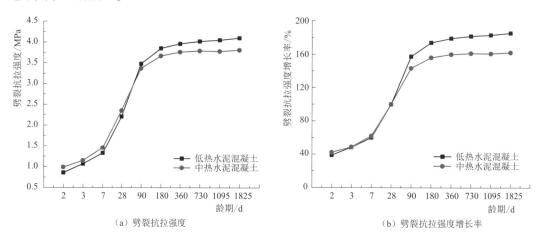

（a）劈裂抗拉强度　　　　　　　　　　（b）劈裂抗拉强度增长率

图 2.3-2　混凝土劈裂抗拉强度和劈裂抗拉强度增长率随龄期发展曲线

2.3.2　混凝土轴向抗拉强度和极限拉伸值

混凝土长龄期轴向抗拉强度、极限拉伸值试验结果分别见图 2.3-3 和图 2.3-4。由图 2.3-3 和图 2.3-4 可知，7d、28d 龄期低热水泥混凝土的轴向抗拉强度均低于中热水泥混凝土，28d 龄期低热水泥混凝土的极限拉伸值与中热水泥混凝土接近，90d 及以后龄期，低热水泥混凝土的轴向抗拉强度、极限拉伸值均高于中热水泥混凝土。1 年龄期后，中热、低热水泥混凝土轴向抗拉强度和极限拉伸值增长幅度均较小。

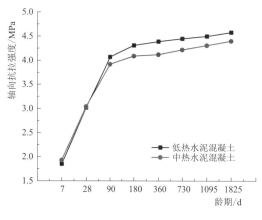 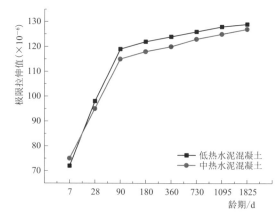

图 2.3-3　混凝土长龄期轴向抗拉强度试验结果　　　图 2.3-4　混凝土长龄期极限拉伸值试验结果

2.3.3 混凝土抗压弹性模量

混凝土长龄期抗压弹性模量试验结果见图 2.3-5。由图 2.3-5 可知，7d 龄期以前低热水泥混凝土抗压弹性模量均低于中热水泥混凝土，28d 及以后龄期，低热水泥混凝土的抗压弹性模量与中热水泥混凝土接近。1 年龄期后，中热、低热水泥混凝土弹性模量增长幅度较小。

2.3.4 混凝土热学性能

低热水泥和中热水泥混凝土导温系数、导热系数、线膨胀系数和比热试验

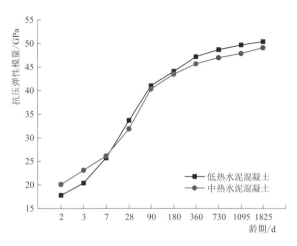

图 2.3-5 混凝土长龄期抗压弹性模量试验结果

结果见表 2.3-1。由表 2.3-1 可知，低热水泥和中热水泥混凝土的导温系数、导热系数、线膨胀系数和比热均较接近，水泥品种对其影响较小。

表 2.3-1 低热水泥和中热水泥混凝土热学性能试验结果

编号	水胶比	级配	水泥品种	导温系数 /(10^{-3}m²/h)	导热系数 /[kJ/(m·h·℃)]	线膨胀系数 /(10^{-6}/℃)	比热 /[kJ/(kg·℃)]
BDQ-3	0.42	四	低热	3.02	6.72	5.0	0.863
BDQ-5	0.42	四	中热	2.98	6.68	5.1	0.860

2.3.5 混凝土绝热温升

低热水泥和中热水泥混凝土绝热温升与龄期的拟合关系见表 2.3-2，绝热温升与龄期的关系曲线见图 2.3-6。由表 2.3-2 和图 2.3-6 可知，低热水泥比中热水泥四级配混凝土的 28d 龄期绝热温升值低 2.6℃，根据拟合结果最终绝热温升值低 3.5℃。

表 2.3-2 低热水泥和中热水泥混凝土绝热温升（T）与龄期（t）的拟合关系

编号	级配	水胶比	水泥品种	胶材用量 /（kg/m³）	28d 绝热温升 /℃	拟合公式	决定系数 R^2
BDQ-3	四	0.42	低热	191	22.2	$T=26.0t/(t+4.79)$	0.988
BDQ-5	四	0.42	中热	191	24.8	$T=29.5t/(t+5.30)$	0.998

2.3.6 混凝土抗冻性和抗渗性

低热水泥和中热水泥混凝土的抗冻和抗渗性能试验结果见表 2.3-3。由表 2.3-3 可知，低热水泥、中热水泥混凝土的抗冻和抗渗性能试验结果均较接近。

2.3.7 混凝土干缩

低热水泥和中热水泥混凝土干缩率随龄期变化曲线见图 2.3-7。由图 2.3-7 可知，总

体而言，低热水泥混凝土干缩率略小于中热水泥混凝土干缩率，但差异较小。

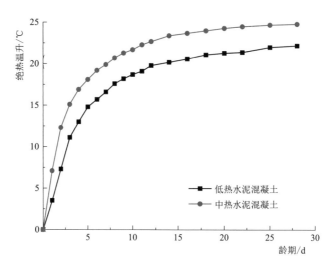

图 2.3-6　低热水泥与中热水泥混凝土绝热温升与龄期的关系曲线

表 2.3-3　低热水泥和中热水泥混凝土的抗冻和抗渗性能试验结果

| 编号 | 水泥品种 | 含气量/% | 龄期/d | 质量损失率/% | | | 相对动弹性模量/% | | | 抗冻等级 | 抗渗性能 | |
				200 次	250 次	300 次	200 次	250 次	300 次		平均渗水高度/mm	抗渗等级
BDQ-3	低热	4.5	90	0.5	0.9	1.1	91.3	86.5	80.3	>F300	28	>W15
			180	0.3	0.6	0.8	95.3	89.7	86.3	>F300	20	>W15
BDQ-5	中热	4.8	90	0.7	0.8	1.0	91.6	86.7	81.4	>F300	33	>W15
			180	0.4	0.6	0.8	93.3	88.4	83.1	>F300	18	>W15

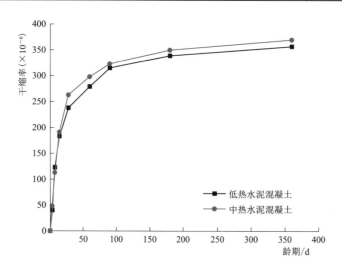

图 2.3-7　低热水泥和中热水泥混凝土干缩率随龄期变化曲线

2.3.8　混凝土自生体积变形

低热水泥和中热水泥混凝土自生体积变形随龄期变化曲线见图 2.3-8。由图 2.3-8 可知，随龄期增长变形值先增大后减小再增大，中热水泥混凝土出现先收缩后膨胀，低热、中热水泥混凝土的自生体积变形 100d 龄期后均表现为微膨胀，至 300d 龄期时，变形值基本稳定；总体而言，低热水泥与中热水泥混凝土的自生体积变形随龄期发展的变化规律基本一致，低热水泥混凝土自生体积变形膨胀值略大于中热水泥混凝土。

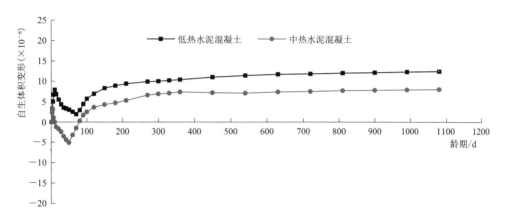

图 2.3-8　低热水泥和中热水泥混凝土自生体积变形随龄期变化曲线

2.3.9　混凝土徐变

低热水泥和中热水泥混凝土徐变度试验结果见图 2.3-9。由图 2.3-9 可知，低热水泥混凝土 7d 龄期加荷徐变度比中热水泥混凝土大；随着加荷龄期和持荷时间增长，两者差值减小；28d 龄期后加荷徐变度与中热水泥混凝土徐变度接近。

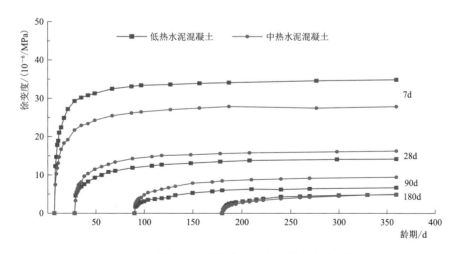

图 2.3-9　低热水泥和中热水泥混凝土徐变度试验结果

2.3.10 混凝土抗裂性能

选用黄国兴（2007）提出的抗裂系数计算公式［式(2.3-1)］对大坝中热、低热水泥混凝土的抗裂系数进行计算，计算结果见表2.3-4。

$$K = \frac{\varepsilon_p + R_L C + G}{\alpha T_r + \varepsilon_s} \qquad (2.3-1)$$

式中：K 为混凝土的抗裂系数；ε_p 为混凝土极限拉伸值，10^{-6}；R_L 为混凝土轴向抗拉强度，MPa；C 为混凝土徐变度，$10^{-6}/\text{MPa}$；G 为混凝土自生体积变形，10^{-6}（膨胀取正值，收缩取负值）；α 为混凝土线膨胀系数，$10^{-6}/℃$；T_r 为混凝土绝热温升，℃；ε_s 为混凝土的干缩率，10^{-6}。

考虑到大坝混凝土浇筑后，采用表面长期保温保湿措施，内部混凝土的干缩应变趋于 0，取 $\varepsilon_s = 0$。由表2.3-4可知，比较不同龄期的混凝土抗裂系数，低热水泥混凝土的抗裂系数均高于中热水泥混凝土的抗裂系数，即采用低热水泥的混凝土抗裂能力较好，尤其是早龄期抗裂安全系数更大。低热水泥混凝土与中热水泥混凝土的抗裂系数的比值介于 1.18~1.33。

表2.3-4　大坝混凝土的抗裂系数计算结果

编号	水泥品种	水胶比	抗裂系数 K				$K_{低热}/K_{中热}$			
			7d	28d	90d	180d	7d	28d	90d	180d
BDQ-3	低热水泥	0.42	1.73	1.31	1.22	1.19	1.33	1.21	1.22	1.18
BDQ-5	中热水泥	0.42	1.29	1.08	1.00	1.01				

2.4 总结与借鉴

（1）通过优选线膨胀系数小的石灰岩骨料，调控低热水泥中的膨胀组分，配制出"低温升、微膨胀、高抗裂、高耐久"的大坝混凝土，为白鹤滩水电站工程高质量建成 300m 级无裂缝混凝土特高双曲拱坝贡献了优质材料方案。

（2）低热水泥混凝土强度在 28d 龄期后仍有较大幅度增长，应充分利用低热水泥后期高强度增长率高的优势，宜选择较长的设计龄期，如 90d、180d 或更长龄期，有利于减少水泥用量、降低温升。

（3）采用低热水泥、优质粉煤灰和高性能减水剂等可以配制出高强高抗裂的抗冲耐磨混凝土，取得了无硅粉配制抗冲磨混凝土的突破，可降低混凝土胶凝材料用量和温升，同时保障混凝土具有良好的施工性能与优异的抗裂性。

第3章 低热水泥的生产与质量控制

低热水泥熟料主要矿物 C_2S 的晶型结构复杂、多变，并随热历程及矿物晶体生长化学环境的差异而表现出不同的矿物活性和稳定性，其烧制和质量控制难度高。白鹤滩水电站工程开工前，周边潜在低热水泥生产厂家还没有大规模、连续、稳定、高质量生产低热水泥的经验，而白鹤滩水电站工程低热水泥需求量较大且对品质要求高，选择和培育合格生产厂家进行规模化和稳定化生产低热水泥势在必行。本章主要介绍低热水泥质量标准、低热水泥品质提升，以及低热水泥生产工艺与质量控制要求。

3.1 低热水泥质量标准

21 世纪初，我国成功开发出具备工业化生产和规模化应用的低热水泥技术，定义了低热水泥概念和提出了低热水泥品质指标，并形成了国家标准《中热硅酸盐水泥 低热硅酸盐水泥 低热矿渣硅酸盐水泥》（GB 200—2003），2017 年，此标准修订为《中热硅酸盐水泥 低热硅酸盐水泥》（GB/T 200—2017）。在上述国家标准中，低热水泥和中热水泥熟料矿物组成及化学成分见表 3.1-1，质量标准见表 3.1-2。

由表 3.1-1 和表 3.1-2 可知，低热水泥和中热水泥品质指标最大区别表现在矿物组成、强度和水化热方面。对于矿物组成，要求低热水泥熟料 C_2S 含量不小于 40.0%，中热水泥熟料 C_3S 含量不大于 55.0%；对于强度，低热水泥要求 7d 抗压强度、抗折强度分别不小于 13.0MPa、3.5MPa，中热水泥要求 7d 抗压强度、抗折强度分别不小于 22.0MPa、4.5MPa；对于水化热，低热水泥要求 3d、7d、28d 水化热分别不大于 230kJ/kg、260kJ/kg、310kJ/kg，中热水泥要求 3d、7d 水化热分别不大于 251kJ/kg、293kJ/kg。综合比较，相对于中热水泥，低热水泥早期强度和水化热均较低。

表 3.1-1　低热水泥和中热水泥熟料矿物组成及化学成分

序号	矿物组成与化学成分	GB 200—2003、GB/T 200—2017	
		低热水泥	中热水泥
1	C_3S/%	—	≤55.0
2	C_2S/%	≥40.0	—
3	C_3A/%	≤6.0	≤6.0
4	C_4AF/%	—	—
5	f-CaO/%	≤1.0	≤1.0

表 3.1-2　低热水泥和中热水泥质量标准

序号	项　目		GB 200—2003、GB/T 200—2017	
			低热水泥	中热水泥
1	MgO 含量/%		不宜大于 5.0%，压蒸安定性试验合格，允许放宽到 6.0%	不宜大于 5.0%，压蒸安定性试验合格，允许放宽到 6.0%
2	碱含量/%		不大于 0.60% 或由买卖双方协商确定	不大于 0.60% 或由买卖双方协商确定
3	SO_3 含量/%		≤3.5	≤3.5
4	烧失量/%		≤3.0	≤3.0
5	安定性		合格	合格
6	比表面积/(m²/kg)		≥250	≥250
7	凝结时间/min	初凝	≥60	≥60
		终凝	≤720	≤720
8	抗压强度/MPa	7d	≥13.0	≥22.0
		28d	≥42.5	≥42.5
9	抗折强度/MPa	7d	≥3.5	≥4.5
		28d	≥6.5	≥6.5
10	水化热/(kJ/kg)	3d	≤230	≤251
		7d	≤260	≤293
		28d	≤310	—

　　虽有国家标准指导低热水泥生产，但低热水泥一直未在大型水利水电工程中进行大规模应用。鉴于低热水泥具有优异的抗裂能力和长期耐久性，在白鹤滩水电站工程建设之前，已率先在三峡水利枢纽、向家坝水电站、溪洛渡水电站等工程局部应用，积累了大量生产和使用低热水泥的经验。

　　为保障白鹤滩水电站工程科学、安全、大规模全工程使用低热水泥，2015 年，中国三峡集团制定了技术指标高于国家标准的企业标准《拱坝混凝土用低热硅酸盐水泥技术要求及检验》（Q/CTG 13—2015）。企业标准和国家标准规定的低热水泥熟料矿物组成及化学成分对比见表 3.1-3，低热水泥质量标准对比见表 3.1-4。

　　由表 3.1-3 和表 3.1-4 可知，企业标准对低热水泥的矿物组成和技术指标提出了更高的要求。具体而言，通过降低 C_3A 上限值不大于 4.0%，限制水泥早期放热速度和放热量；增加 C_4AF 下限值不小于 15%，有利于增强水工混凝土抗拉强度；降低 f-CaO 含量上限值不大于 0.8%，保障混凝土体积稳定性；增加 MgO 含量并控制在 4.0%~5.0% 的范围，可最大限度地利用 MgO 水化生成 $Mg(OH)_2$ 的微膨胀性，补偿水工混凝土的水化收缩和温降收缩，使硬化混凝土少收缩或微膨胀，有利于提高混凝土的抗裂性能；增加比表面积上限值不大于 340m²/kg，以限制水泥早期放热速率，降低混凝土早期开裂风险；降低水化热上限值，3d、7d 和 28d 龄期水化热控制分别不大于 220kJ/kg、250kJ/kg 和 300kJ/kg，进一步降低早期温升和最高温升；规定 28d 龄期抗压强度控制在（47±3.5）MPa，提高低热水泥强度稳定性。

表 3.1-3　企业标准和国家标准规定的低热水泥熟料矿物组成及化学成分对比

序号	矿物组成与化学成分	GB 200—2003 GB/T 200—2017	Q/CTG 13—2015
1	C_2S /%	≥40.0	≥40.0
2	C_3A /%	≤6.0	≤4.0
3	C_4AF /%	—	≥15.0
4	f-CaO /%	≤1.0	≤0.8

表 3.1-4　企业标准和国家标准规定的低热水泥生产质量标准对比

序号	检验项目		GB 200—2003 GB/T 200—2017	Q/CTG 13—2015	Q/CTG 13—2015 备注
1	MgO 含量/%		≤5.0	4.0~5.0	如果水泥经压蒸安定性试验合格，则低热水泥中氧化镁含量允许放宽到 6.0%
2	碱含量/%		≤0.60	≤0.55	—
				≤0.50	有碱活性骨料时
3	SO₃ 含量/%		≤3.5	≤3.5	—
				≤2.5	有抗硫酸盐侵蚀要求时
4	烧失量 /%		≤3.0	≤3.0	—
5	安定性		合格	合格	—
6	比表面积/（m²/kg）		≥250	≤340	大于 340m²/kg 的批次应不超过 15%，且最大值应不超过 350m²/kg，每 20 个批次评定一次
7	凝结时间 /min	初凝	≥60	≥60	—
		终凝	≤720	≤720	—
8	抗压强度 /MPa	7d	≥13.0	≥13.0	—
		28d	≥42.5	47±3.5	超出范围的批次应不超过 10%，最小值应不小于 42.5MPa，每 20 个批次评定一次
9	抗折强度 /MPa	7d	≥3.5	≥3.5	—
		28d	≥6.5	≥7.0	—
10	水化热 /（kJ/kg）	3d	≤230	≤220	—
		7d	≤260	≤250	—
		28d	≤310	≤300	型式检验控制性指标

　　在国外标准中，也有类似我国低热水泥性能的低水化热水泥类型，例如美国标准 ASTM C150/C150M—18 和日本标准 JIS R 5210—2009。各国低水化热水泥主要矿物组成和化学成分见表 3.1-5、抗压强度及水化热性能指标见表 3.1-6。

表 3.1-5　各国低水化热水泥主要矿物组成和化学成分　　　　　%

相　关　标　准	C_3S	C_2S	C_3A	MgO	SO_3
GB 200—2003 GB/T 200—2017	—	≥40.0	≤6.0	≤5.0	≤3.5
ASTM C150/C150M—18（Ⅳ型）	≤35	≥40	≤7	≤6.0	≤2.3
JIS R5210—2009	—	≥40	≤6	≤5.0	≤3.5

表 3.1-6　各国低水化热水泥抗压强度及水化热性能指标

相　关　标　准		抗压强度/MPa			水化热/（kJ/kg）		
		7d	28d	90d	3d	7d	28d
GB 200—2003	42.5级	≥13.0	≥42.5	—	≤230	≤260	≤310
GB/T200—2017	42.5级	≥13.0	≥42.5	≥62.5	≤230	≤260	≤310
ASTM C150/C150M—18（Ⅳ型）		≥7.0	≥17.0		≤200	≤225	
JIS R5210—2009		≥7.5	≥22.5	≥42.5*	—	≤250	≤290

注　JIS R5210—2009 抗压强度龄期为 91d。

　　由表 3.1-5 和表 3.1-6 可知，由于矿物组成和各国试验检测方法的差异，各国低水化热水泥指标存在差异。与国外类似低水化热水泥性能相比，在同龄期水化热指标要求相近的情况下，我国标准各龄期水泥强度指标远高于国外标准，热强比远低于国外标准。如我国与日本标准中水泥强度检测方法均采用 ISO 法，我国和日本 7d 的热强比分别为 20.0、33.3，28d 的热强比分别为 7.3、12.9。

3.2　低热水泥品质提升

　　白鹤滩水电站工程所使用低热水泥的生产历程分为试生产（2013—2014 年）、考核性生产（2016 年）和稳定性生产（2017 年及以后）三个阶段，在此期间先后经历了两次较大的品质提升。

　　第一次品质提升主要解决低热水泥强度略低于国家标准的问题。导流洞工程供应前，厂家首次生产低热水泥时，出现水泥强度略低于国家标准的问题，为此特邀请相关水泥、混凝土专家从水泥原材料及配方、燃料、熟料煅烧、石膏品质、熟料均化、水泥均化、生产工艺等方面进行了原因分析，提出了详细的改进方案，其后生产、供给导流洞工程的低热水泥品质全部满足国家标准要求。

　　第二次品质提升主要解决供给导流洞的部分批次低热水泥品质波动较大问题。与企业标准相比，部分批次低热水泥存在比表面积偏高、28d 龄期强度富余小、水化热偏高、出厂水泥温度偏高且品质波动较大等问题，为此特邀请水泥研发与生产专家、混凝土专家组成考核组进行考核性检查和指导，对考核性生产的低热水泥进行水泥及混凝土性能试验验证，根据验证结果微调配方与工艺，再进行考核性生产，直至低热水泥品质符合企业标准要求，然后固化确定低热水泥的配方和工艺。

3.2.1　低热水泥试生产

白鹤滩水电站工程初步选择的低热水泥潜在生产厂家所处地理位置不同，用于烧制低热水泥的原材料品种、品质差异较大，且水泥窑烧成工艺存在一定差异，这导致低热水泥的生料组成、熟料煅烧工艺和热历程调控、贝利特矿物的稳定与活化工艺的不同，且生产厂家均没有大规模、连续生产高镁低热水泥的经验。

为保证白鹤滩水电站主体工程低热水泥的大批量、高质量供应，探明低热水泥混凝土特性和积累应用经验，于 2013 年在导流洞工程中开始使用低热水泥浇筑衬砌混凝土。累计浇筑混凝土约 137 万 m³，为低热水泥在白鹤滩水电站大坝、水垫塘与二道坝、地下厂房和泄洪洞等工程部位的应用积累了成功的经验。

2013 年 3 月至 2014 年 5 月，导流洞工程共验收检测试生产阶段低热水泥 611 批，低热水泥品质检测结果见表 3.2-1。由表 3.2-1 可知，部分批次的低热水泥存在比表面积偏高、28d 龄期强度富余度低、水化热偏高、出厂水泥温度偏高、波动较大等问题，需要水泥生产厂家对生产工艺进行优化改进和技术提升。

在为导流洞工程生产供应低热水泥的过程中，多次组织水泥研发与混凝土试验研究相关专家研讨低热水泥生产改进方案。经过改进配方与工艺，低热水泥标准稠度用水量、比表面积、7d 龄期抗压强度、28d 龄期抗压强度月平均值见图 3.2-1~图 3.2-4，其中低热水泥 J、低热水泥 H 分别代表两个低热水泥厂家。由图 3.2-1~图 3.2-4 可知，低热水泥标准稠度用水量、比表面积逐渐降低，7d、28d 龄期抗压强度逐渐提高，且质量较为稳定。这说明低热水泥的生产质量逐步提高，经过低热水泥生产的技术改进，低热水泥主要生产厂家已初步具备规模化生产低热水泥的能力。

为进一步确保低热水泥品质及长期供应质量的均匀性和稳定性，自低热水泥试生产开始实施驻厂监造，持续、动态提升低热水泥品质。

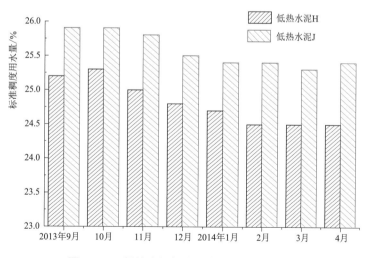

图 3.2-1　低热水泥标准稠度用水量月平均值

表 3.2-1　试生产阶段低热水泥品质检测结果

厂家/时段	统计项目	标准稠度/%	比表面积/(m²/kg)	凝结时间/min 初凝	凝结时间/min 终凝	抗压强度/MPa 7d	抗压强度/MPa 28d	抗折强度/MPa 7d	抗折强度/MPa 28d	安定性	SO₃/%	MgO/%	碱含量/%	水化热/(kJ/kg) 3d	水化热/(kJ/kg) 7d
低热水泥 J 2013-03-06 至 2014-05-20	检测次数	207	207	207	207	207	207	207	207	97	12	12	12	12	12
	最大值	27.4	356	270	355	30.7	51.7	7.6	9.6	合格	2.11	4.24	0.57	188	240
	最小值	24.8	298	198	274	16.3	42.7	3.7	6.8		1.55	3.37	0.39	182	222
	平均值	25.6	328	233	318	23.4	46.5	5.2	8.2		1.81	3.89	0.48	186	230
	标准差	0.4	10	16	17	2.4	2.1	0.6	0.5					—	—
	合格率/%	—	100.0	100.0	100.0	—	100.0	100.0	100.0	100.0	100.0	100.0	100.0	100.0	100.0
低热水泥 H 2013-06-21 至 2014-05-20	检测次数	404	404	404	404	404	404	404	404	404	22	22	22	22	22
	最大值	28.4	347	270	358	32.1	55.4	7.0	9.4	合格	2.17	4.55	0.58	206	239
	最小值	22.0	273	166	223	16.4	42.5	4.1	7.2		1.73	3.55	0.41	188	230
	平均值	24.6	328	230	310	22.2	46.4	5.2	8.4		1.92	4.11	0.52	195	236
	标准差	0.9	11	16	21	2.5	2.9	0.5	0.4					—	—
	合格率/%	—	100.0	100.0	100.0	100.0	100.0	100.0	100.0	100.0	100.0	100.0	100.0	100.0	100.0
GB 200—2003		—	≥13.0	≥60	≤720	≥13.0	≥42.5	≥3.5	≥6.5	合格	≤3.5	≤5.0	≤0.6	≤230	≤260

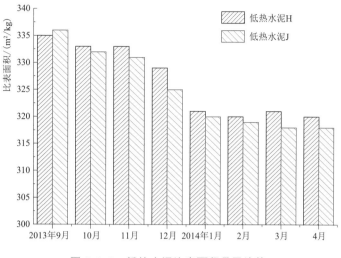

图 3.2-2　低热水泥比表面积月平均值

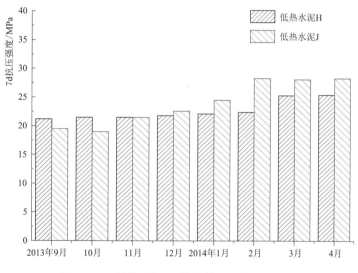

图 3.2-3　低热水泥 7d 龄期抗压强度月平均值

3.2.2　低热水泥考核性生产

根据企业标准的要求，针对导流洞使用低热水泥过程中出现的品质波动问题，分别在 2016 年 3 月和 2016 年 8 月，对白鹤滩水电站主体工程确定的低热水泥厂家进行了 2 次考核性生产。

3.2.2.1　品质提升措施

生产厂家采取的有效技术措施为：①原燃材料保障。生产低热水泥的原材料和燃煤质量遵循"品位高、碱含量低、质量稳定性好、满足配料要求"的原则。②设备保障。低热水泥生产采用新型干法水泥生产线，低热水泥熟料煅烧在五级旋风预热器带 CDC 分解炉窑中进行，配备的水泥磨产量均可达到 100t/h 以上，水泥储库容量共约 5 万 t，

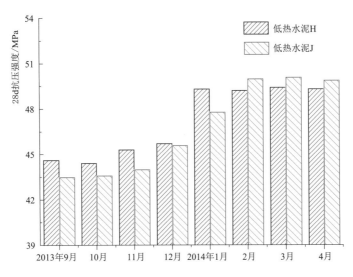

图 3.2-4　低热水泥 28d 龄期抗压强度月平均值

可以满足白鹤滩水电站工程高峰期 3000t/d 的低热水泥需求。③工艺保障。水泥生产厂家采用低饱和比、高硅率、低铝率的配料方案；严格控制喂料系统，对生料进行全过程、连续、动态荧光分析，以保证低热水泥生料化学组成质量稳定；对原料磨、窑系统进行预防性维护，确保低热水泥熟料生产设备稳定连续运行；生产中加强低热水泥熟料烧成控制，稳定热工制度，严格控制低热水泥熟料结粒，加强低热水泥熟料冷却，通过出窑低热水泥熟料岩相分析指导煅烧，以烧制出优质的低热水泥熟料。④制度保障。低热水泥生产厂家结合新型干法生产工艺特点及原材料品位，对原材料、出磨生料、入窑生料、入窑煤粉、水泥熟料烧成、出窑水泥熟料、出磨水泥及出厂水泥等，均制定相应生产内控指标及检验频次。从生产制度上可以保障供应白鹤滩水电站工程用低热水泥的质量。

　　考核性生产阶段，随机抽取的 2 批低热水泥熟料岩相图见图 3.2-5。由图 3.2-5 可知，两批低热水泥熟料的岩相组成差异不大，熟料中 C_2S 较多，尺寸介于 $20 \sim 40\mu m$，分布均匀，晶体表面有双晶纹，边缘清晰圆滑，表明煅烧温度正常，冷却较好，说明生产厂家可以生产质量稳定、品质较好的低热水泥熟料。初步解决了低热水泥试生产期间存在的问题，进一步明确了各生产厂家生产低热水泥的原燃材料、生产设备、生产工艺、过程控制指标等质量控制和管理要求。

3.2.2.2　驻厂监造单位抽检结果

　　驻厂监造单位抽检低热水泥熟料的检测结果见表 3.2-2，生产单位抽检出厂低热水泥的检测结果见表 3.2-3。由表 3.2-2 和表 3.2-3 可知，低热水泥熟料、出厂低热水泥质量和质量稳定性均得到了显著提升。

　　白鹤滩水电站工程所使用的低热水泥是一个循序渐进的科学培育过程，低热水泥品质由导流洞工程阶段的基本满足国家标准，提升到主体工程阶段的全部满足企业标准。其中，试生产过程确认了潜在低热水泥生产厂家生产能力和所生产低热水泥的品质；考核性生产过程固化了低热水泥原燃材料品种与品质及配方、生产工艺，提升了生产质量，建立了更健全的低热水泥生产质量控制体系；稳定性生产过程进一步提升了低热水泥质量，保障了高品质低热水泥稳定供应。其逐步的性能优化提升过程，为白鹤滩水电站建成全面精品工程奠定了基础，也为我国大批量、连续和高质量稳定生产低热水泥提供了可供借鉴的生产与管理经验。

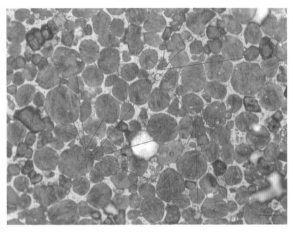

（a）第一批

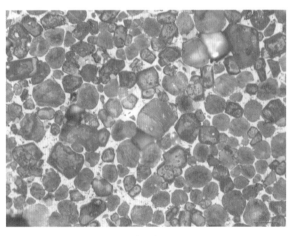

（b）第二批

图 3.2–5　低热水泥熟料岩相图

表 3.2–2　驻厂监造单位抽检低热水泥熟料的检测结果

生产阶段	项目	低热水泥熟料化学成分与矿物组成 /%							
		MgO	SO$_3$	R$_2$O	f-CaO	C$_3$S	C$_2$S	C$_3$A	C$_4$AF
试生产	检测数量	27	27	27	27	27	27	27	27
	最大值	4.60	0.53	0.33	0.28	37.79	51.03	2.02	16.08
	最小值	3.73	0.31	0.17	0.15	27.09	40.26	0.04	14.71
	平均值	4.33	0.46	0.26	0.22	34.04	43.93	1.05	15.30
	标准差	0.21	0.14	0.04	0.04	2.21	2.25	0.37	0.31

生产阶段	项目	低热水泥熟料化学成分与矿物组成 /%							
		MgO	SO$_3$	R$_2$O	f-CaO	C$_3$S	C$_2$S	C$_3$A	C$_4$AF
考核性生产	检测数量	23	23	23	23	23	23	23	23
	最大值	4.82	0.67	0.55	0.35	36.48	51.2	3.23	15.63
	最小值	4.20	0.32	0.20	0.21	27.66	40.91	0.00	14.59
	平均值	4.49	0.42	0.35	0.28	32.66	45.26	1.01	15.22
	标准差	0.18	0.12	0.06	0.04	2.18	1.75	1.16	0.27
稳定性生产	检测数量	131	131	131	131	131	131	131	131
	最大值	4.86	0.66	0.50	0.31	36.57	47.03	2.09	15.93
	最小值	4.24	0.30	0.31	0.11	30.32	41.31	0.98	15.02
	平均值	4.65	0.43	0.40	0.25	33.38	43.64	1.33	15.43
	标准差	0.09	0.06	0.05	0.03	1.00	1.02	0.35	0.18
Q/CTG 13—2015		4.0~5.0	—	—	≤0.8	—	≥40.0	≤4.0	≥15.0

表 3.2-3　生产单位抽检出厂低热水泥的检测结果

生产阶段	项目	低热水泥化学成分和比表面积			
		MgO/%	R$_2$O/%	SO$_3$/%	比表面积/(m^2/kg)
试生产	检测数量	195	195	195	195
	最大值	4.29	0.50	2.09	348
	最小值	3.63	0.44	1.73	326
	平均值	4.03	0.48	1.88	338
	标准差	0.08	0.02	0.06	4
考核性生产	检测数量	47	47	47	47
	最大值	4.42	0.50	2.20	339
	最小值	4.01	0.44	1.90	314
	平均值	4.23	0.48	2.03	328
	标准差	0.06	0.01	0.05	4
稳定性生产	检测数量	2094	2094	2094	2094
	最大值	4.66	0.52	2.30	338
	最小值	4.14	0.40	1.70	313
	平均值	4.35	0.48	2.05	329
	标准差	0.06	0.01	0.05	3
Q/CTG 13—2015		4.0~5.0	≤0.55	≤3.5	≤340

3.3 低热水泥生产工艺与质量控制

低热水泥原燃材料与生产工艺过程控制直接决定着低热水泥的品质。低热水泥的生产流程与中热水泥基本相同，包括原燃材料的进厂、原燃材料破碎、生料粉磨、熟料煅烧、水泥粉磨及水泥出厂等，最大的差异在生料配料比例和熟料烧成工艺方面的不同。各水泥生产厂家低热水泥生产工艺略有差异。典型的低热水泥生产工艺流程见图 3.3-1。

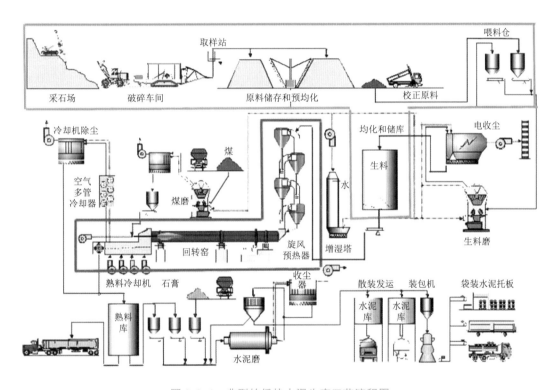

图 3.3-1 典型的低热水泥生产工艺流程图

由于所处区域自然资源的不同，各低热水泥生产厂家煅烧高镁低热水泥的原燃材料不完全一致，原燃材料一般可分为钙质原料、硅质原料、铁质原料、铝质原料、校正镁质原料和燃料等，主要提供煅烧高镁低热水泥所需的 CaO、SiO_2、Fe_2O_3、Al_2O_3 和 MgO。低热水泥生产控制的重点在于熟料的烧成和生产过程稳定性控制，生产控制要点包括以下几个方面：

（1）原燃材料。低热水泥生产用原材料质量必须使熟料矿物和化学成分能达到控制指标要求，需采用均化措施降低各原材料化学成分的波动；燃料应使用灰分低、发热量高的烟煤。

（2）生料。水泥生产中生料的配料常用石灰饱和系数、硅酸率、铝氧率等三率值来控制。低热水泥生料配制过程中，通常控制熟料三率值范围为：石灰石饱和系数 $KH = 0.76 \sim 0.80$；硅酸率 $SM = 2.2 \sim 2.5$；铝氧率 $IM = 0.85 \sim 1.05$。为保证生料质量，应严格配料、准确计量、精心操作，使生料配料均匀、稳定。同时，出磨生料应采取必要的均化措施后方可入窑。

（3）熟料煅烧。C_3S 的烧成温度为 1450℃ 左右，C_2S 的形成温度低于 C_3S，低热水泥熟料的烧成温度比普通硅酸盐水泥或中热水泥熟料一般低 50~100℃。有效控制熟料煅烧过程是保证低热水泥强度、低水化热的关键，煅烧要做到风、煤、料的平衡，保持火焰有力和长短适中，避免窑操作参数调整过大，应重点解决分解窑、预热器和窑尾等部位的结皮、堵塞问题。主要是控制熟料的立升重和结粒，低热水泥熟料的立升重不小于 1350g/L；出窑熟料结粒均齐致密，无黄心料，应减少飞沙料和生烧料。

（4）水泥的粉磨。在粉磨低热水泥时，应先用合格的低热水泥熟料洗磨 30min 以上。水泥粉磨过程中不允许掺助磨剂。出磨水泥质量的主要控制指标是比表面积和三氧化硫含量。

（5）石膏。石膏要求使用 G 类二级以上的天然二水石膏。

为保证低热水泥大批量、稳定、均匀、高品质生产，满足白鹤滩水电站工程需要，基于低热水泥试生产和考核性生产过程中积累的生产和应用经验，结合低热水泥生产厂家的实际生产条件，针对不同厂家制定了低热水泥生产质量控制要求与驻厂监造细则，针对低热水泥原燃材料、出磨生料、入窑生料、熟料烧成、出窑熟料、出磨水泥和出厂水泥提出了全过程的精细化控制要求，保障了低热水泥质量稳定、均匀、可控。白鹤滩水电站工程用低热水泥生产控制参数及检测频次见表 3.3−1。

表 3.3−1　白鹤滩水电站工程用低热水泥生产控制参数及检测频次表

控制项目	生产过程质量控制		驻厂监造质量控制	
	主 要 控 制 参 数	检验频次	主要控制参数	检验频次
原燃材料	CaO、SiO_2、Fe_2O_3、Al_2O_3、MgO、SO_3、结晶水、R_2O、燃煤发热量	1 次/批	MgO、SO_3、R_2O	1 次/批
出磨生料	水分、细度、MgO、KH、SM、IM	1 次/1h	MgO	1 次/24h
入窑生料	水分、细度、MgO、KH、SM、IM	1 次/1h	MgO	1 次/24h
入窑煤粉	水分、细度、灰分	1 次/2h	—	—
熟料烧成	生料喂料量、分解率、分解炉出口温度、窑速、窑头罩温度	2 次/班	—	—
出窑熟料	f-CaO、立升重	1 次/1h		
	R_2O、MgO、C_4AF、C_2S、C_3A、3d、7d、28d 龄期抗压强度	1 次/24h	R_2O、MgO、C_4AF、C_2S、C_3A	1 次/3d
	C_3S 和 C_2S 岩相分析	1 次/24h	—	—
出磨水泥	比表面积、SO_3、MgO、R_2O、不溶物含量	1 次/1h	比表面积、MgO、R_2O	1 次/24h
	3d、7d 龄期水化热，3d、7d、28d 龄期抗压强度，水泥温度	1 次/24h		

控制项目	生产过程质量控制		驻厂监造质量控制	
	主 要 控 制 参 数	检验频次	主 要 控 制 参 数	检验频次
出厂水泥	比表面积、SO_3、MgO、R_2O、不溶物含量，3d、7d 龄期水化热，28d 龄期水化热（10 个编号一次），3d、7d、28d 龄期抗压强度，28d 龄期抗折强度，水泥温度	1 次/批	比表面积、SO_3、MgO、R_2O	1 次/批
	—	—	全性能	3 次/月

3.4 思考与借鉴

低热水泥在同类工程或者其他领域应用，通常以满足国家标准《中热硅酸盐水泥 低热硅酸盐水泥》（GB/T 200—2017）的相关要求作为依据。白鹤滩水电站应用低热水泥的研究成果与工程实践表明，混凝土性能直接受低热水泥的矿物组成及其品质影响，具体工程可根据需要优化水泥矿物组成和部分技术指标。

（1）在矿物组成方面，根据低热水泥的煅烧制度、熟料质量及能耗之间的内在关联，综合考虑低热水泥与外加剂的适应性、混凝土温控防裂要求及施工进度与安全，建议 C_3A、C_4AF 含量分别控制在 2.0%～4.0%、15.0%～19.0% 范围内。

（2）在物理性能方面，低热水泥比表面积应在满足国家标准"不小于 250m²/kg"的基础上，综合考虑其对水泥水化热、强度发展和长期耐久性的影响及生产粉磨成本和能耗，建议控制比表面积不大于 340m²/kg；同时，考虑对水泥水化、标准稠度用水量等的影响，建议选择合适的粉磨工艺控制低热水泥的颗粒级配和粒形，控制 0～3μm、3～32μm 颗粒含量分别在 5%～10%、60%～70% 范围内。

（3）对于补偿混凝土温降收缩使用的高镁低热水泥，应深入挖掘低热水泥中方镁石含量及氧化镁活性提升技术，以达到最佳的混凝土补偿收缩效果。

第4章 混凝土生产质量管理

白鹤滩水电站主体工程包括大坝、水垫塘与二道坝、地下厂房、泄洪洞等工程，低热水泥混凝土总量约 1800 万 m³。为确保白鹤滩水电站工程主要原材料的质量和稳定供应，实行水泥、粉煤灰、外加剂等原材料由业主统一采购，施工单位领用的物资管理模式。在低热水泥混凝土生产过程中，严格落实混凝土配合比审批制度，采取一系列混凝土生产系统质量控制措施，跟踪与监督混凝土质量，制定了一系列低热水泥混凝土质量管理制度和办法，同时根据原材料供应变化、施工环境气候特点及现场监测反馈效果，应用新技术、新材料改进混凝土施工性能。本章主要介绍原材料及混凝土质量管理制度与办法、混凝土施工性能改进措施及质量管理效果。

4.1 混凝土拌和物质量管理

4.1.1 质量管理体系

白鹤滩水电站工程对业主统供原材料实行"五环联控"的质量管理模式，即生产厂家出厂检验、驻厂监造单位抽样检验、业主单位验收检验、监理单位抽样检验、施工单位验收检验；对施工单位自购原材料实行"生产厂家出厂检验、业主单位监督抽样检验、监理单位抽样检验、施工单位验收检验"的质量管理模式。各单位的原材料质量管理之间的关系为业主对参建各单位进行统筹管理，试验中心协助业主对监理单位和施工单位进行质量监督管理，监理单位对施工单位进行监督管理，各参建单位对生产厂家的产品进行质量检测管理，原材料质量管理体系框图见图 4.1-1。

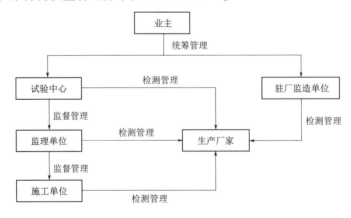

图 4.1-1 原材料质量管理体系框图

　　混凝土质量控制属于过程控制，是工程质量的直接保障。对混凝土质量控制执行"业主单位监督抽样检验、监理单位抽样检验、施工单位抽样检验"的质量管理模式。各单位混凝土质量管理之间的关系为：业主对各参建单位进行统筹管理，试验中心协助业主对监理单位和施工单位进行质量监督管理，监理单位对施工单位进行监督管理。

4.1.2　原材料质量管理

　　白鹤滩水电站工程业主统供原材料质量管理流程见图4.1-2；施工单位自购的原材料实行准入制度，在业主发布的生产厂家范围内自行采购，施工单位自购原材料质量管理流程见图4.1-3。

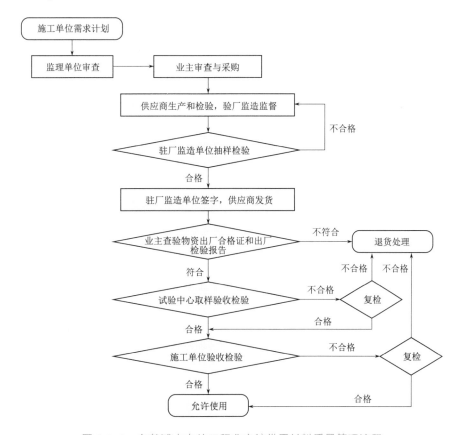

图 4.1-2　白鹤滩水电站工程业主统供原材料质量管理流程

4.1.2.1　驻厂监造

1. 水泥监造

　　水泥驻厂监造单位按监造细则，对低热水泥生产工艺、原燃材料、生料、熟料煅烧、熟料、出磨低热水泥和出厂低热水泥质量进行监督管理，并定期抽取低热水泥生产全过程中的中间材料进行相关品质检验，形成监造月报和年报，从源头管控低热水泥质量，保障低热水泥各项性能的稳定。

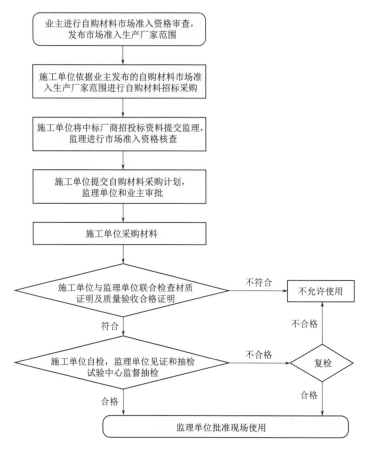

图 4.1-3 白鹤滩水电站工程施工单位自购原材料质量管理流程

白鹤滩水电站工程自低热水泥试生产阶段起即开始实行水泥驻厂监造管理。驻厂监造单位共检测两个厂家低热水泥熟料 381 批，出磨低热水泥 3124 批，出厂低热水泥 5580 批，并对 384 批出厂低热水泥的全部性能进行了检测，监督出厂低热水泥约 315 万 t，所有低热水泥品质均满足国家标准要求，主体工程阶段所有低热水泥品质均满足企业标准要求。

2. 粉煤灰监造

粉煤灰驻厂监造单位通过了解和掌握火电厂使用的燃煤品种、发电负荷、粉煤灰分选情况，对粉煤灰的生产质量进行监督，并对分选粉煤灰和出厂粉煤灰按批进行抽检。不定期随机抽取各生产厂家粉煤灰，通过扫描电镜观察和分析粉煤灰颗粒的微观形貌，并与原状粉煤灰典型的光滑、球状玻璃微珠形态进行对比，从源头管控粉煤灰质量，杜绝磨细及假冒伪劣粉煤灰进入白鹤滩水电站工程。

驻厂监造单位共对 8 家供应厂商的粉煤灰实行驻厂监造管理，监造出厂 I 级粉煤灰 5855 批次，共计约 96 万 t，出厂粉煤灰品质均满足国家标准和企业标准的技术要求。不同厂家粉煤灰的典型扫描电镜图见图 4.1-4。由图 4.1-4 可知，各供应厂商粉煤灰球形玻璃微珠较多，颗粒形态完好，不规则及破碎颗粒较少，表明各供应厂商的粉煤灰均为火电厂原状分选粉煤灰。

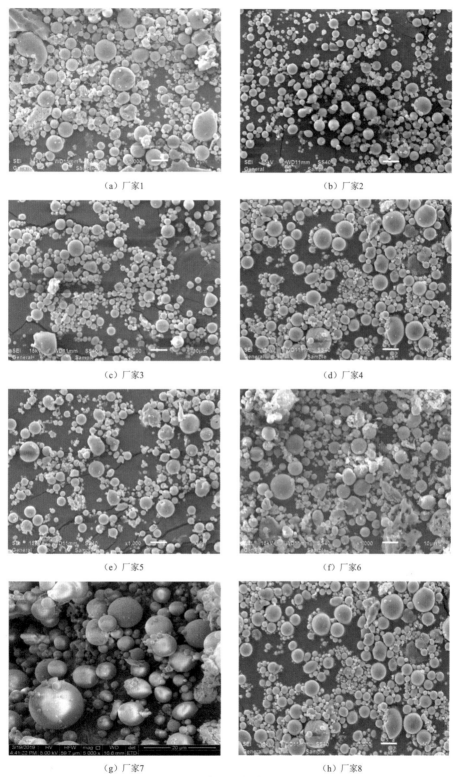

（a）厂家1　　　　　　　　　　　　（b）厂家2

（c）厂家3　　　　　　　　　　　　（d）厂家4

（e）厂家5　　　　　　　　　　　　（f）厂家6

（g）厂家7　　　　　　　　　　　　（h）厂家8

图 4.1-4　不同厂家粉煤灰的典型扫描电镜图

3. 外加剂监造

外加剂监造单位对外加剂实行生产前、生产中和生产后三阶段质量管理。外加剂生产前根据业主需求计划，向生产厂家发出《混凝土外加剂生产质量监造通知单》，明确所需外加剂的名称、品种、型号、生产数量、批次以及技术指标。外加剂生产中及时掌握外加剂生产流程和各项控制性工艺参数，包括外加剂生产的投料顺序、反应温度曲线、反应时间、反应压力、冷却速度等，防止生产工艺的变化，保证外加剂的均匀性和质量稳定性。外加剂生产后监督外加剂厂家质量检验过程，取样封存外加剂厂家已检合格、待出厂的产品，开展外加剂进场验收检验。

外加剂监造单位共完成了 4 家外加剂供应厂商的驻厂监造工作，监造出厂各类外加剂共840 批 36708t。其中，高性能减水剂共 463 批 24223t，高效减水剂共 224 批 11080t，引气剂共153 批 775t，所有外加剂的品质、匀质性和适应性全部满足国家标准和企业标准要求。

4.1.2.2 进场验收

业主统供水泥、粉煤灰和外加剂执行进场验收检验制度，责任单位为业主，此验收检验针对供应商或生产厂家提供的产品，不替代施工单位验收检验责任。

1. 业主验收检验

依据取样和试验流程，业主取样人员在取样平台上按规范要求对低热水泥和粉煤灰进行取样。业主取样后，低热水泥方可运往混凝土生产系统卸货，业主需及时对低热水泥和粉煤灰各项品质指标进行检验，其中粉煤灰需在取样后 4h 内完成需水量比、含水量、细度和烧失量检测，根据检测结果判定粉煤灰是否合格，合格后方可卸入混凝土生产系统粉煤灰专用储存罐，不合格粉煤灰做退场处理。对检测过程中发现的不合格检测项目或数据异常时，及时进行复检，并与相关单位进行原因分析，提交专项报告。低热水泥和粉煤灰进场验收实行闭环管理，从源头到使用进行全过程质量控制。

业主对外加剂驻厂监造单位邮寄的高效减水剂、高性能减水剂和引气剂进行进场验收检验，检测项目为外加剂品质检测和适应性检测，外加剂进场验收检验见图 4.1-5，依据国家标准和企业标准对高效减水剂、高性能减水剂、引气剂的质量和性能进行评定，合格后准予进场。

（a）含气量检测　　　　　　　　　　　（b）坍落度检测

图 4.1-5　外加剂进场验收检验

　　试验中心按月、季度和年度对进场的低热水泥、粉煤灰和外加剂品质检测结果进行汇总和质量分析，向业主提交检验报告、月报、季报、年报和相关专项报告，业主据此向驻厂监造单位提出改进要求，促进低热水泥、粉煤灰和外加剂质量控制。

　　2. 施工单位验收检验

　　混凝土生产单位按规范对业主供应的水泥、粉煤灰和外加剂进行验收检验。水泥取样完成后即可卸入专用储存罐，待全部参数检测完成后及时出具检验报告；粉煤灰卸入专用储存罐前需及时检验，合格方可入罐；混凝土生产单位对每批外加剂进行匀质性检验和品质检验，合格后经监理签字确认方可用于混凝土拌制，混凝土生产单位外加剂品质检验见图 4.1-6。检测数据出现异常时，及时与业主沟通，共同复检，复检合格即可入库，复检不合格做退货处理。按月、季度和年度对低热水泥、粉煤灰和外加剂检测结果汇总分析。

（a）混凝土翻拌与成型　　　　　　　　　（b）混凝土凝结时间试验砂浆制作

图 4.1-6　混凝土生产单位外加剂品质检验

　　3. 争议解决

　　（1）同一监理单位负责的施工单位之间试验检测结果发生争议时，由监理单位进行协调。不同监理单位负责的施工单位之间试验检测结果发生争议时，由业主进行协调。

　　（2）当施工单位与试验中心试验检测结果发生争议时，由业主组织试验中心、施工单位、监理单位共同复检，由业主进行协调。

　　（3）当厂家与试验中心试验检测结果发生争议时，由试验中心和厂家共同复检，仍有争议时，可共同委托第三方进行仲裁。

　　（4）当厂家与施工单位试验检测结果发生争议时，由厂家和施工单位共同复检，仍有争议时，可共同委托试验中心进行复检。

　　4.1.2.3　检测质量保障措施

　　为保障检测质量，提高检测水平，使各试验室之间的试验误差在允许误差范围内，定期或不定期开展比对试验、标准宣贯与技能培训、拍摄标准化试验小视频、技术交流与竞赛，及时进行总结。

1. 比对试验

为保障水泥、粉煤灰和骨料检测结果的可信性，减小各检测单位检测结果的误差，使之达到各试验室间允许误差范围内，避免因检测水平不同导致的纠纷，采取以下措施：①业主定期组织生产厂家、驻厂监造单位、试验中心和使用单位试验室开展水泥和粉煤灰比对试验，试验样品由驻厂监造在生产厂家制样，邮寄分发，并委托驻厂监造收集各方数据，分析各单位检测水平；②业主每月组织试验中心、监理单位、人工骨料生产与使用单位开展骨料比对试验。各参加比对试验的试验室，根据比对试验结果，分析过大试验误差产生的原因，及时进行验证和改进。

2. 标准宣贯与技能培训

为提高白鹤滩水电站工程整体质量检测水平，保障检测数据的科学性和准确性。在行业及国家标准、规程、规范更新时，邀请知名专家对试验中心、生产厂家、监理单位和施工单位试验室的人员进行标准、规程、规范宣贯和技能培训，标准宣贯和技能培训照片见图 4.1-7。

（a）标准宣贯　　　　　　　　　　　　（b）技能培训

图 4.1-7　标准宣贯和技能培训照片

3. 拍摄标准化试验小视频

为规范白鹤滩水电站工区试验人员的混凝土取样成型试验方法，提高全工区质控人员的试验水平，减少影响混凝土检测结果差异性的因素，业主组织拍摄了《白鹤滩水电站混凝土标准取样成型试验方法》培训用小视频，混凝土标准取样成型试验方法小视频截图见图 4.1-8。内容基本涵盖了白鹤滩水电站工程所涉及的全部施工工艺分类类型混凝土取样、混凝土拌和物检测、成型试验方法，对全工区试验检测人员进行了培训，并将该视频发放给各试验室进一步学习。

4. 技术交流与竞赛

每年开展一次由试验中心、监理单位、驻厂监造单位、施工单位和生产厂家之间的试验检测技术交流和竞赛，试验检测技术交流和试验检测竞赛照片见图 4.1-9。

5. 材料供应与保障例会

为加强原材料质量管理，每季度组织召开材料供应与保障例会。试验中心、驻厂监

（a）混凝土取样成型教程

（b）混凝土成型

图 4.1-8　混凝土标准取样成型试验方法小视频截图

（a）试验检测技术交流

（b）试验检测竞赛

图 4.1-9　试验检测技术交流和试验检测竞赛照片

造单位、监理单位、施工单位和全部统供材料生产厂家参会，主要解决材料供应、使用、质量和核销问题，并依据试验中心对原材料检测、质量波动分析结果和施工单位现场施工反馈情况，对材料生产厂家和驻厂监造单位提出改进意见和建议，保障白鹤滩水电站工程用水泥、粉煤灰和外加剂等统供原材料的高品质供应；对施工单位自购材料质量进行监督。

4.1.3　混凝土质量管理

混凝土质量管理涉及混凝土配合比审批与管理、混凝土生产质量控制和现场质量控制和监督。

4.1.3.1　混凝土配合比审批与管理

1. 混凝土配合比的审批

混凝土配合比是保障混凝土性能和施工质量的前提，合理选择和应用配合比，不仅可以保障施工质量，还可以保障施工进度、有效控制工程成本。白鹤滩水电站工程对混凝土配合比执行严格的审批制度。

主体工程包括大坝、水垫塘与二道坝、地下厂房和泄洪洞等工程。为保障主体工程混凝土配合比的科学性和严谨性，其审查和审批分为以下 5 个阶段：

（1）业主依据招标文件或科研成果提供主体工程混凝土推荐配合比。

（2）施工单位依据推荐的主体工程混凝土配合比，编写主体工程混凝土施工配合比试验大纲，监理单位组织审查，业主和试验中心参加，必要时邀请专家参与。

（3）监理单位批准试验大纲后，施工单位开展相关试验，提交配合比试验成果报告，报送监理单位审批。

（4）监理单位审批施工单位提交的施工配合比报告后，将试验成果、配合比报告、监理单位审批意见报送试验中心审查，试验中心审查并出具书面审批意见，经业主技术管理部审签，业主相关项目部会签后转监理单位，监理单位下发审批意见给施工单位。

（5）施工单位根据监理单位批复意见予以实施。

主体工程混凝土配合比的审批程序见图 4.1-10。

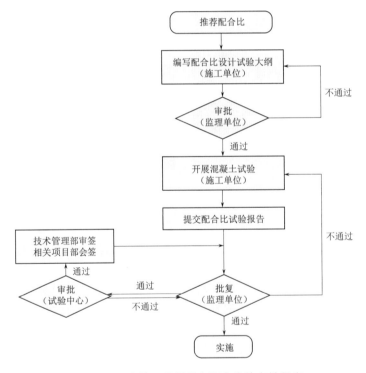

图 4.1-10　主体工程混凝土配合比的审批程序

对于其他辅助工程混凝土施工配合比，施工单位进行配合比设计和试验，试验完成后，向监理单位报送试验报告。监理单位对施工单位报送的配合比直接进行审批，施工单位根据监理批复意见予以实施。

2. 混凝土配合比的管理

混凝土配合比的主要管理单位为监理单位，使用单位为混凝土生产单位，并接受业主的监督管理。

混凝土配合比使用前,混凝土生产系统微机管理人员,将已审批的各类混凝土施工配合比信息一次性输入服务器数据库中,并设定配合比修改权限和密码。微机操作人员只有查阅或调度配合比的权限,没有修改权。

在配合比使用过程中配合比各参数,如水胶比、粉煤灰掺量、水泥和外加剂品种等,未经重新试验论证、审定和批准,不得随意变动。"标准施工配合比"的修改或新配合比的添加,只有在混凝土生产系统试验室质控人员、监理认可的前提下,微机管理人员才能进行操作。

混凝土正式生产前,混凝土生产系统试验室按监理批复的施工配合比,根据砂与小石含水率、外加剂浓度进行混凝土配料计算,形成配料单。混凝土配料单必须由监理单位和混凝土生产单位具备资质的试验人员校核签字确认。

4.1.3.2　混凝土生产质量控制

1. 混凝土生产流程

实行严格的混凝土供应程序,由混凝土生产单位负责生产安排,监理单位负责生产质量监督。监理单位根据不同浇筑单位提交的《白鹤滩水电站工程混凝土浇筑要料单》上所填写的混凝土(砂浆)品种、需求时间和最低入仓强度,监督混凝土生产,保证生产合理、有序。根据业主要求和监理细则,混凝土生产系统试验室对混凝土生产过程进行质量控制,监理单位对混凝土生产过程进行监督,以保障混凝土浇筑单位和生产单位沟通顺畅,混凝土生产过程稳定可控,及时处理混凝土供应过程中的问题。白鹤滩水电站工程混凝土生产程序见图4.1-11。

2. 混凝土配合比微调

考虑到白鹤滩水电站工程混凝土用量大,原材料种类繁多,在混凝土生产过程中,常需对混凝土配合比进行微调,以满足混凝土生产和施工需求。但常规的混凝土配合比审批流程过长,难以满足白鹤滩水电站工程高强度施工要求,特制定了混凝土配合比微调管理办法,规范混凝土生产系统配合比的现场微调

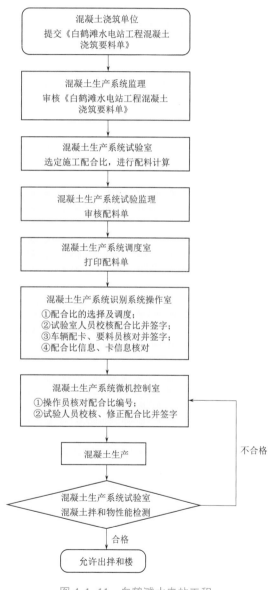

图 4.1-11　白鹤滩水电站工程
混凝土生产程序

机制，明确调整过程中各方职责、工作流程及具体调整范围。混凝土生产系统配合比微调流程见图 4.1-12。

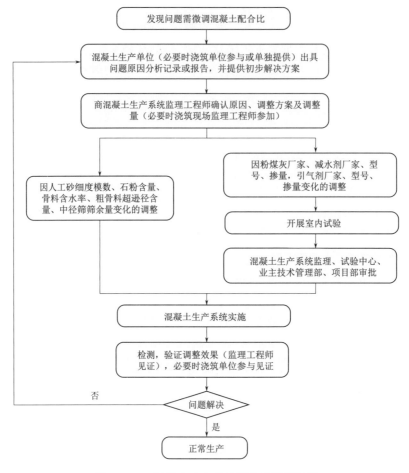

图 4.1-12　混凝土生产系统配合比微调流程

3. 混凝土拌和物质量评定

水工混凝土拌和物质量一般根据《水工混凝土施工规范》（DL/T 5144—2015）评定，但标准中只限定了拌和物的允许偏差，未对超过允许偏差的混凝土处理方式进行说明，也没有拌和物允许偏差的比例要求。为满足精品工程要求，细化生产系统质量控制和管理措施，特在行业标准的基础上制定了企业标准《拱坝混凝土生产质量控制及检验》（Q/CTG 12—2015），引入符合率和合格率，并规定了相关控制范围，规范混凝土生产。符合率为符合设计要求，合格率为符合企业标准合格判定要求。在混凝土生产过程中，严格控制混凝土拌和物各项性能在允许偏差范围内，拌和物性能不合格的混凝土不得入仓，混入仓内的不合格混凝土需进行挖除处理。行业标准和企业标准中混凝土拌和物控制指标对比见表 4.1-1。相比行业标准，企业标准在控制拌和物性能允许偏差的前提下，明确了混凝土拌和物坍落度、含气量、温度、原材料称量误差的符合率要求，并对不合格标准做了明确的定量要求。

表 4.1-1 行业标准和企业标准中混凝土拌和物控制指标对比

项 目		设计要求范围	DL/T 5144—2015	Q/CTG 12—2015		
			允许偏差	符合率/%	不合格料率/%	不合格料标准
坍落度		30~50mm	±10mm	>85	<5	<10mm，>60mm
		50~70mm	±20mm	>85	<5	<30mm，>90mm
		70~90mm		>85	<5	<50mm，>110mm
		140~160mm	±30mm	>85	<5	<110mm，>190mm
		160~180mm		>85	<5	<130mm，>210mm
含气量		5%~6%	±1.0%	>85	—	<4%，>7%
		4%~6%		>85	—	<3%，>7%
		3%~4%		>85	—	<2%，>5%
温度	三、四级配	≤7℃	—	>90	—	>8℃
		≤9℃	—	>90	—	>10℃
	一、二级配	≤12℃	—	>85	—	>14℃
		≤14℃	—	>85	—	>16℃
称量误差	水+冰	±1%	±1%	>95	—	<-2%，>2%
	水泥、粉煤灰	±1%	±1%	>95	—	<-2%，>4%
	减水剂、引气剂	±1%	±1%	>95	—	<-2%，>2%
	砂、D20、D40、D80	±2%	±2%	>90	—	<-3%，>3%
	D150（D120）	±2%	±2%	>90	—	<-4%，>5%

注 1. 允许偏差系以设计要求中值为基准。

2. 当坍落度、含气量、温度中任一项检测值达到不合格料标准时，无法做补救处理，应废弃，已入仓者应挖除。

3. 当称量误差达到不合格料标准时，应立即通知试验值班人员和监理。当采取补救措施，达到合格混凝土要求时，可用于施工，否则作不合格料处理。

4. 当某种材料称量超出允许限值，但未达到不合格料标准时，应会同试验人员及时调整并作好详细记录。

4. 混凝土质量评定

在混凝土质量管理中，试验中心、混凝土生产单位和监理单位对混凝土原材料、拌和物及性能进行质量控制和抽检，并定期对混凝土生产质量控制水平和质量等级进行评定，以混凝土生产质量控制水平和质量等级"优秀"为目标，混凝土拌制生产质量检测项目及要求见表 4.1-2，混凝土抽样检测项目及检测频率见表 4.1-3。试验中心对混凝土生产单位和监理单位进行监督，并对相关检测项目进行监督抽样检测。试验中心的抽检频率不低于施工单位的 5%；监理单位的抽检频率不低于施工单位的 10%，且不能检测的项目委托试验中心进行检测。

表 4.1-2　混凝土拌制生产质量检测项目及要求

工序	控制项目	检测项目	混凝土生产系统检测频率	备　注
原材料质量控制检验	水泥	比表面积、安定性、强度、凝结时间	—	必要时在拌和楼抽样检验
		全面检验（标准稠度用水量、凝结时间、密度、比表面积、安定性、强度、氧化镁、三氧化硫、碱含量、烧失量、水化热）		
	粉煤灰	需水量比、细度、烧失量		
	细骨料	含水率	1 次/4h	（1）在拌和楼抽样；（2）含水率在必要时应加密检测
		细度模数、石粉含量、含泥量	1 次/d	
		细度模数、石粉含量、含泥量、泥块含量、云母含量、表观密度、有机质含量、坚固性、硫化物及硫酸盐含量、轻物质含量	1 次/月	
	粗骨料	小石含水率	1 次/4h	（1）在拌和楼抽样；（2）拌和楼有二次筛分装置的应在二次筛分后抽样。小石含水率在雨雪后等特殊情况应加密检测
		超径含量、逊径含量、中径筛筛余量、含泥量	1 次/8h	
	减水剂	配制溶液浓度	1~2 次/池	在配制池抽样
		使用溶液浓度	2 次/d	在使用池或拌和楼抽样
	引气剂	配制溶液浓度	1~2 次/池	在配制池抽样
		使用溶液浓度	2 次/d	在使用池或拌和楼抽样
混凝土拌和及拌和物质量检验	配料称量检查	水泥、粉煤灰、外加剂、纤维、硅粉、水和冰、各粒级骨料，检查应配量和实配量	1 次/2h	在拌和楼称量层，条件允许时进行全数统计
	拌和时间	拌和时间	1 次/4h	记录拌和时间
	坍落度	混凝土工作性	1 次/2h	应覆盖到每个强度等级
	含气量	出机口含气量	1 次/4h	应覆盖到每个强度等级
	温度	气温、混凝土出机温度、水温	1 次/2h	非温度控制混凝土，1 次/4h
	性能检测	凝结时间、泌水率、坍落度和含气量损失	至少 1 次/月	机口取样
	砂浆试验	稠度、含气量	1 次/仓	系指施工缝铺筑用砂浆

表 4.1-3 混凝土抽样检测项目及检测频率

序号	检 测 项 目		施工单位/混凝土生产系统 检测频率	备 注
1	抗压强度（7d、28d、 90d、180d、365d）		（1）7d 龄期 1 组/2000m³； （2）28d 龄期 1 组/500m³； （3）针对 90d 设计龄期，90d 龄期 1 组/1000m³，180d 龄期每 1 组/10000m³； （4）针对 180d 设计龄期，180d 龄期 1 组/1000m³，90d、365d 龄期 1 组/10000m³	针对大体积混凝土
	抗压强度 （7d、28d、90d、180d）		（1）7d 龄期 1 组/400m³； （2）28d 龄期 1 组/100m³； （3）针对 28d 设计龄期，90d 龄期 1 组/400m³； （4）针对 90d 设计龄期，90d 龄期 1 组/200m³，180d 龄期 1 组/400m³	针对非大体积混凝土
2	极限拉伸		设计龄期 1 组/20000m³	针对大体积混凝土，具体取样频次可根据工程量论证后作适当调整
	抗压弹性模量		设计龄期 1 组/20000m³	
3	劈裂抗拉强度 （28d、90d、180d）		28d 龄期 1 组/2000m³，设计龄期 1 组/3000m³	设计龄期可为 28d、90d、180d，不区分大体积和非大体积混凝土
4	全面 性能	抗压强度 （7d、28d、90d、180d、365d）	1 次/月	（1）应一次取足试样，拌匀后同时完成各项成型； （2）抗冻检测 28d 龄期应与设计龄期逐月交替进行； （3）每季度或半年应覆盖主要强度等级
		劈裂抗拉强度 （7d、28d、90d、180d、365d）	1 次/月	
		抗渗等级（设计龄期）	1 次/月	
		极限拉伸 （28d、90d、180d、365d）	1 次/月	
		抗压弹性模量 （28d、90d、180d、365d）	1 次/月	
		抗冻等级 （28d 龄期或设计龄期）	1 次/月	
		自生体积变形 （龄期不少于 1 年）	1 次/月	
5	仓面 抽样	抗压强度、含气量、 坍落度和温度	出机口抽样数量的 1/10	含气量、坍落度、温度等参数，试验中心仅在必要时进行抽检
6	砂浆	7d、28d、90d 抗压强度	1~2 次/月	应采用边长 70.7mm 立方体试件成型

4.1.3.3 混凝土现场质量控制

混凝土质量控制立足现场，以"服务现场"为首要原则，建立了施工现场巡查、混凝土生产与仓面联动、应急情况处理、新混凝土配合比使用等工作机制，将混凝土质量控制由试验室延伸至施工现场。现场混凝土质量控制要求和要点为：

（1）施工现场巡查机制。不定期巡查施工现场，重点关注混凝土生产质量控制、混凝土入仓浇筑效果、混凝土仓面凝结时间变化、外加剂车间管理、钢筋及钢筋丝头加工质量、钢筋焊接质量、试验检测信息管理系统应用等工作内容。对于首次使用的新配合比、新开仓重要工程部位或使用特殊混凝土配合比，施工单位应提前通知业主、试验中心、监理单位，以便实时跟踪现场施工情况、出现异常情况时及时处理，确保混凝土浇筑顺利。施工现场跟仓服务见图 4.1-13。

图 4.1-13　施工现场跟仓服务

（2）混凝土生产与仓面联动机制。分别将混凝土拌和物出机口检测结果、仓面检测结果和浇筑效果等信息实时发送至试验检测信息管理系统和微信管理群，实现拌和楼出机口混凝土拌和物性能和仓面施工性能信息的实时共享和沟通反馈。

（3）应急情况处理机制。当出现"混凝土生产系统或仓面混凝土出现异常情况、因天气或设备等因素导致临时停仓后复仓、混凝土生产和浇筑单位对拌和物性能存在争议、因浇筑需要临时开具新配合比"等情况时，为了保证混凝土施工质量，避免影响混凝土生产和现场浇筑，成立联动工作小组。联动工作小组由试验中心、监理单位、混凝土生产单位、浇筑单位组成，必要时业主项目部参加，研究提出判定意见和解决方案。如分析混凝土出现异常的原因，及时对混凝土进行调整；判断停仓后复仓混凝土是否继续浇筑、提出"救仓"的解决措施等。

（4）新混凝土配合比使用机制。混凝土生产系统新启用或因原材料变化调整后的配合比，在混凝土生产前须开展室内拌和物性能和生产性试验，室内和生产性试验时，业主、试验中心、监理单位全程参与。生产过程中应加密检测拌和物性能，加强与浇筑单位沟通反馈，全程跟仓服务，确保混凝土性能满足现场浇筑需求。

4.1.3.4 混凝土质量监督管理制度

通过实践经验总结，为保障精品工程的顺利建设和精品工程目标的达成，逐步形成

"日监督、周巡查、月例会、季检查"的现场混凝土质量监督管理制度。

　　1. 日监督制度

　　业主组织开发的试验检测信息管理系统包含白鹤滩水电站工区全部 10 个试验室的物联网，可通过视频监控不间断实时监督各试验室运行状态、人员工作情况、试验环境等。根据监督制度，试验中心每天不定时、随机对工区内试验室开展日常检查工作、环境温湿度监控，规范日常检测行为，日监督示例见图 4.1-14。

（a）试验室监控

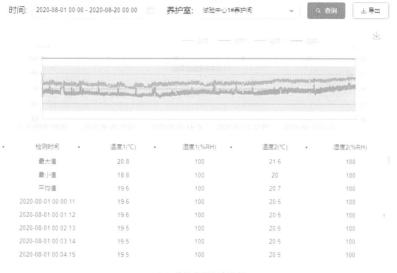

（b）养护室温湿度监控

图 4.1-14　日监督示例

2. 周巡查制度

业主组织试验中心每周对混凝土生产系统、施工单位试验室及施工现场进行监督巡查，监理单位和施工单位试验室负责人参加，巡查内容主要包括：检测的环境、混凝土生产（包含坍落度、含气量、出机口温度、配合比应用、配合比微调信息、称量误差等）、骨料检测、外加剂配制管理、检测记录、浇筑现场巡查、试验检测信息管理系统应用等。形成检查记录，并将发现的问题反馈给施工单位和监理单位，由监理单位负责问题的整改落实。周巡查示例见图 4.1-15。

（a）养护室

（b）外加剂配制池

（c）巡查记录

（d）整改回复报告单

图 4.1-15　周巡查示例

3. 月例会制度

业主定期组织试验检测月例会，业主各项目部、试验中心、监理单位、施工单位及试验室负责人参加，对比分析原材料和混凝土质量波动情况、解决施工过程中涉及的试验相关问题、提出试验检测下一步工作和改进方案等，有效地保证了试验检测数据的真实、有效、公开、公正，为改进施工技术、混凝土质量控制提供技术支撑。月例会及汇报内容示例见图 4.1-16。

（a）月例会　　　　　　　　　　　　　　（b）汇报内容

图 4.1-16　月例会及汇报内容示例

4. 季检查制度

每季度由业主组织，试验中心和监理单位参加，对试验中心、监理单位和施工单位试验室进行监督检查。检查内容主要包括：组织机构与管理体系、人员、设备、环境、档案、样品管理、记录与报告、试验操作、试验检测信息管理系统应用等。形成量化考核检查记录，并由业主发文通报，季检查及结果通报示例见图 4.1-17。通报文件作为施工单位年度评优、评先的参考资料。试验中心的问题整改报告报送业主，监理单位、施工单位试验室的问题整改报告报送业主和试验中心，并在试验检测月例会汇报整改事项。

（a）试验室检查　　　　　　　　　　　　（b）检查结果通报

图 4.1-17　季检查及结果通报示例

4.1.4　试验检测信息管理系统

信息化是当今时代的发展潮流，在规范试验检测工作、提高试验工作效率、保障实体工程质量方面发挥着重要作用。然而，水利水电行业尚无相对成熟的试验检测信息管理系统。白鹤滩水电站工程参建单位试验室数量、试验检测人员和原材料种类众多，为解决以往工程试验室存在的仪器设备配置总体落后、试验人员检测技能高低不一、体系运行管理水平参差不齐、试验检测资料存储追溯困难、试验检测工作监管难度较大等问题，自主研发和应用了试验检测信息管理系统。

试验检测信息管理系统是白鹤滩水电站工程智能建造体系的组成部分之一，分为综合管理系统、样品管理系统、业务登记系统、试验检测系统、数据管理系统和专家系统等六大子系统。

基于试验检测信息管理系统，白鹤滩水电站工程用原材料及混凝土检测信息化基本实现了：①业务流程标准化：试验任务的自动流转和角色化流水作业，提高了试验检测工作效率，试验检测信息化管理流程见图4.1-18；②样品标记电子化：通过植入射频识别（Radio Frequency Identification，RFID）芯片或捆扎二维码对试验样品进行身份标识，实现样品信息录入、试验检测项目选择和取样信息绑定，通过线上和线下信息交互，保障试验检测样品的真实性和可追溯性，原材料和混凝土信息绑定示例见图4.1-19；③报检申请自动化：通过取样或报检接口读取二维码，自动获取样品信息，实现样品信息确认与更新、委托申请、委托登记、样品出入库管理和样品状态监控，保障样品流转顺畅和试验检测的时效性，原材料和混凝土报检示例见图4.1-20；④试验检测智能化：通过检测任务分派、检测过程管理和检测记录管理，可有效将任务分派至各试验间和试验人员，通过集成数据采集接口，水泥、混凝土、钢筋的力学性能检测结果及设备使用记录在试验完成后

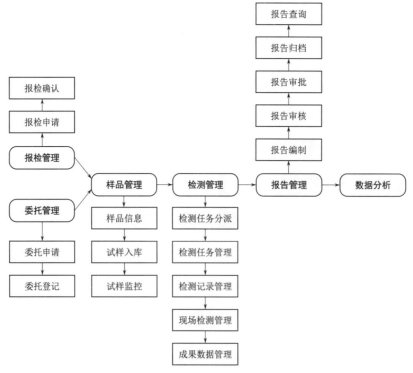

图 4.1-18　试验检测信息化管理流程

自动采集并上传至系统服务器,确保数据的真实性、唯一性和可追溯性,混凝土抗压强度检测及结果自动上传示例见图 4.1-21,另外,试验检测信息管理系统判定检测结果不合格时,对预先设置人员的手机号码和微信进行自动推送,保证了反馈机制的零延迟;⑤成果分析个性化:具备试验检测报告自动生成、检测台账自动生成、检测结果自动统计、试验结果专项分析和检测频次自动记录等功能,试验相关报表和报告(如月报、年报)自动生成,并可根据试验资料制作要求,建立数据统计分析模型,个性化输出统计数据和分析图表,提高试验报表资料制作效率,检测报告自动生成及数据自动统计结果示例见图 4.1-22。

(a)原材料信息绑定

(b)混凝土信息绑定

图 4.1-19　原材料和混凝土信息绑定示例

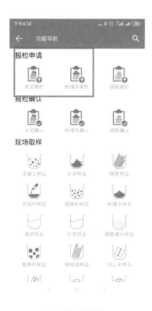

(a)原材料报检

(b)混凝土报检

图 4.1-20　原材料和混凝土报检示例

（a）混凝土抗压强度检测

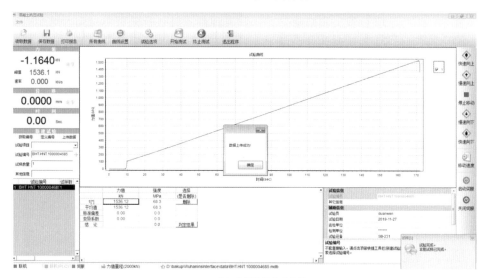

（b）检测结果自动上传

图 4.1 21　混凝土抗压强度检测及结果自动上传示例

利用试验检测信息管理系统，实现了原材料驻厂监造、物资报检、样品管理、试验检测、报告自动生成和数据个性化分析全流程信息化管理；实现了从混凝土取样、成型、养护、养护室温湿度监控、试验、数据自动实时上传、不合格检测数据自动推送及检测报告自动生成的全流程信息化管理；实现了试验人员变动、仪器设备检定、机构检测资质、标准与规程、规范的变化等体系要素的在线监管，在较大程度上消除了原材料和混凝土的评定受人为因素和设备因素的影响，显著提高了试验检测工作效率和质量，确保了试验检测数据的真实性、唯一性、可追溯性和试验检测体系的有效运转。

首次在水利水电行业自主研发和应用的试验检测信息管理系统，为提升水利水电工程试验检测管理水平和保障白鹤滩水电站精品工程建设提供了有力支撑。

（a）检测报告自动生成

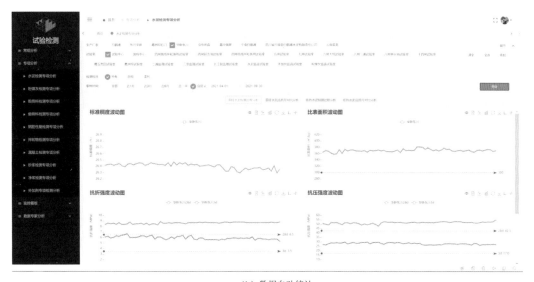

（b）数据自动统计

图 4.1-22 检测报告自动生成及数据自动统计结果示例

4.2 混凝土施工性能改进技术

4.2.1 调整水泥与减水剂组分，改进混凝土适应性技术

采用低热水泥与高效减水剂组合进行大坝混凝土施工配合比试验时，发现混凝土拌和

物和易性差，出现泌水、假凝等现象，坍落度损失、泌水率、凝结时间试验结果均无法满足企业标准《拱坝混凝土用外加剂技术要求及检验》（Q/CTG 18—2015）要求，尤其是凝结时间超长，初凝时间达72h、终凝时间达110h，严重影响到混凝土施工质量，增大了工程施工安全风险。

分析高效减水剂和水泥的组分对混凝土和易性的影响原因。对于高效减水剂，缓凝与保坍组分的加入抑制了水泥浆体的凝聚倾向，提高了水泥颗粒的吸附和扩散作用，水泥浆由网状凝聚结构变成溶胶结构，流动性变大，凝结时间变长，有助于降低坍落度损失；对于水泥，其C_3A含量是决定混凝土和易性和凝结时间的关键，C_3A在水泥四大矿物组分中早期水化速率最快，能较快地形成骨架，促进水泥硬化凝结，缩短混凝土凝结时间。因此，可从调整高效减水剂组分和水泥组分两方面改善原材料适应性问题。

通常采取调整外加剂的组分以匹配水泥，通过三个厂家30余次的配方调整，仍无法完全满足企业标准要求。试验研究表明，低热水泥和掺高效减水剂混凝土的凝结时间均与C_3A含量呈负相关关系，随C_3A含量的增加、凝结时间变短。通过对水泥矿物组成的分析，发现水泥中C_3A含量过低，部分厂家生产的低热水泥熟料中C_3A含量接近0。

因此，在要求外加剂厂家优化调整高效减水剂缓凝与保坍组分的同时，也要求低热水泥生产厂家优化调整低热水泥熟料中C_3A含量，以改善高效减水剂与低热水泥的适应性。通过大量试验最终确定了合适的高效减水剂组分和低热水泥熟料中C_3A含量。用调整后的低热水泥检验高效减水剂，适应性试验结果满足企业标准《拱坝混凝土用外加剂技术要求及检验》（Q/CTG 18—2015）的要求，且用于工程现场，混凝土和易性良好，泌水情况基本消失，初凝时间均能控制在施工要求的800~1200min范围内。

4.2.2　高保坍减水剂开发与应用技术

随着地下厂房主变室、闸门门槽、拦污栅、尾水调压室、泄洪洞边顶拱等部位的浇筑，部分混凝土浇筑仓距离混凝土生产系统较远，泵送入仓泵管转弯较多，加上仓面钢筋密集，混凝土入仓难度增加，导致混凝土浇筑速度较慢。混凝土从出拌和楼到浇筑完成历时较长，有的可达2h或更长，混凝土可泵性变差，入泵混凝土难以满足泵送要求，并常有堵管现象发生，这在一定程度上影响了混凝土浇筑施工进度和质量。

高性能减水剂中保坍组分能增强水泥颗粒水膜的保护和空间位阻效应，促进水泥颗粒分散和延缓水泥水化，达到增强混凝土保坍性能的作用。为保障泵送混凝土坍落度，通过大量试验研究提出提高高性能减水剂中保坍组分含量和减水率的方案，降低泵送混凝土坍落度经时损失率，使泵送混凝土坍落度满足施工要求。

采用设计坍落度为160~180mm的二级配泵送混凝土配合比，开展高保坍减水剂室内混凝土坍落度损失试验，掺高保坍减水剂与掺高性能减水剂的混凝土坍落度经时损失对比见图4.2-1。由图4.2-1可知，使用高保坍减水剂后，混凝土拌和物和易性较好，室内试验2h坍落度损失率仅约为3%。仓面混凝土坍落度检测结果和混凝土出机口坍落度检测结果对比表明，掺高保坍减水剂混凝土坍落度损失较小，和易性良好，满足施工要求。混凝土性能试验结果表明，掺高保坍减水剂在降低混凝土经时坍落度损失的同时没有对混凝土其他性能产生不良影响。

4.2.3 高效减水剂缓凝降效抑制技术

白鹤滩水电站工程坝址区地处干热河谷大风气候，湿度低、温度高、风速大、水分蒸发极快。进入高温季节后，气温陡升至35℃以上，混凝土生产系统出现高效减水剂溶液表面漂浮黄褐色泡沫和散发出刺激性臭味，混凝土初凝时间由正常的 12~16h 逐渐缩短至 6~8h 等现象。严重影响到大坝混凝土的正常施工与浇筑质量，仅靠增加减水剂中缓凝组分含量、彻底清洗减水剂配制池和使用池等措施均不能有效解决混凝土初凝时间快速缩短的技术难题。

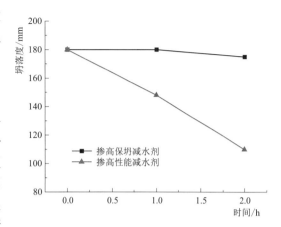

图 4.2-1　掺高保坍减水剂与掺高性能减水剂的混凝土坍落度经时损失对比

为分析并确定高效减水剂缓凝效果降低、混凝土初凝时间缩短的原因，针对外加剂车间配制池中的减水剂溶液、混凝土拌和楼储液箱中的减水剂溶液和室内即时配制的"新鲜"减水剂溶液，进行了混凝土拌和物性能对比试验，对比结果见表 4.2-1。由表 4.2-1 可知，与室内即时配制的"新鲜"减水剂溶液相比，存放一定时间后的外加剂车间配制池中的溶液和混凝土拌和楼储液箱中的溶液，混凝土拌和物性能出现衰减，衰减程度随存放时间的延长而增大；坍落度降低了 47%~71%、含气量降低了 18%~25%、初凝时间缩短了 45%~51%。

表 4.2-1　采用不同高效减水剂溶液拌制的混凝土拌和物性能

序号	减水剂溶液类别	混凝土检测项目					
		坍落度 /mm	含气量 /%	初凝时间 /h	坍落度降低 /%	含气量降低 /%	初凝时间缩短 /%
1	混凝土拌和楼储液箱中的减水剂溶液（存放 1d 及以上）	20	4.5	7.3	71	25	51
2	配制池中的减水剂溶液（存放 1d）	37	4.9	8.2	47	18	45
3	室内即时配制的减水剂溶液	70	6.0	15.0	0	0	0

采用凝胶渗透色谱（GPC）法对比分析高效减水剂溶液中缓凝成分的差别，不同高效减水剂溶液的主要组分对比分析见图 4.2-2。由图 4.2-2 可知，与试验室内即时配制的"新鲜"减水剂溶液相比，外加剂车间配制池中及混凝土拌和楼储液箱中的减水剂溶液缓凝成分特征峰均出现不同程度衰减。结合外加剂车间配制池中"减水剂溶液表面漂浮较多浅黄色泡沫并散发臭味"的现象，分析得出在配制、储存过程中，以葡萄糖酸钠为主的缓凝组分被微生物分解而腐败变质，是导致高效减水剂缓凝效果降低、拌和物性能显著降低、混凝土初凝时间明显缩短的原因。

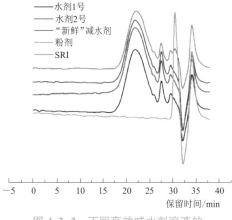

图 4.2-2　不同高效减水剂溶液的
主要组分对比分析

考虑到混凝土为碱性材料，经分析，提出"在减水剂溶液配制时向溶剂中掺入 NaOH 调节 pH 以杀灭微生物"的技术方案。为探究掺 NaOH 的效果，在新配制高效减水剂溶液时掺入不同质量的 NaOH 形成不同初始 pH 的溶液，观察随时间变化溶液 pH 及外观、气味的变化情况。高效减水剂配制溶液时掺入 NaOH 溶液特性经时变化对比结果见表 4.2-2。由表 4.2-2 可知，初始 pH 大于 9.50 后溶液外观无明显变化，且 7d 后仍未出现臭味。

以初始 pH6.92 的高效减水剂溶液为空白组，初始 pH9.50、10.00 为对照组，放置 3d 后开展混凝土性能对比试验，试验结果见表 4.2-3。

表 4.2-2　高效减水剂配制溶液时掺入 NaOH 溶液特性经时变化对比结果

减水剂溶液		空白组	对照组 1	对照组 2	对照组 3	对照组 4
pH	初始	6.92	9.00	9.50	10.00	11.00
	1d	5.63	8.49	9.05	9.53	10.62
	2d	5.54	6.28	8.84	9.26	10.51
	3d	5.55	6.18	8.59	9.17	10.49
	4d	5.58	6.05	8.30	9.14	10.46
	5d	5.84	5.96	7.86	9.10	10.46
	6d	5.95	5.94	7.46	8.92	10.36
	7d	6.11	6.00	7.18	8.62	10.22
溶液外观		1d 漂浮黄褐色泡沫	3d 漂浮黄褐色泡沫	无明显变化	无明显变化	无明显变化
溶液气味		1d 明显臭味	3d 明显臭味	无臭味	无臭味	无臭味

表 4.2-3　高效减水剂溶液掺入 NaOH 后混凝土性能对比结果

混凝土性能		空白组	对照组 2	对照组 3
坍落度	出机口/mm	45	60	65
	1h 经时损失/%	56.7	51.5	50.0
含气量/%	出机口	4.8	5.0	5.2
	1h 经时损失	35.1	30.0	28.3
凝结时间 /(h：min)	初凝	8：20	12：40	13：25
	终凝	13：50	18：20	19：30
抗压强度/MPa ｜发展系数/%	7d	16.8｜53	17.6｜54	18.7｜56
	28d	31.5｜100	32.5｜100	33.0｜100
	90d	44.8｜142	45.9｜141	46.6｜141
	180d	49.8｜158	49.9｜154	50.6｜153
抗冻等级		>F300	>F300	>F300
抗渗等级		>W15	>W15	>W15

　　由表 4.2-3 可知，①采用掺入 NaOH 高效减水剂溶液拌制混凝土，对照组相比空白组的拌和物性能得到改善。其初凝时间由 8.3h 恢复到 12.4～13.3h，混凝土出机口坍落度和含气量增大，经时损失略有降低。②用对照组高效减水剂溶液拌制的混凝土，其抗压强度、抗冻性、抗渗性与空白组无明显差异，使用掺入 NaOH 高效减水剂溶液未对混凝土的性能产生不利影响。

图 4.2-3　高效减水剂配制溶液中加 NaOH 后混凝土振捣效果图

　　通过在减水剂溶液中掺 NaOH 调节 pH 以杀灭微生物方案，不仅经济性好、实用性强、可操作性高，而且绿色环保，同时不会对混凝土各项性能产生有害影响。此方案实施后，配制池中高效减水剂溶液表面漂浮黄褐色泡沫的现象基本消除，溶液无异味，现场浇筑的混凝土坍落度、含气量均满足设计要求，凝结时间未缩短，高温季节下混凝土入仓、平仓后的保坍保湿性较好，不易风干发白，更易振捣出浆，振捣效果见图 4.2-3。这表明通过在高效减水剂配制时向水中加入少量 NaOH，使溶液呈强碱性，达到了抑制微生物的生长、减少缓凝组分的分解、保证高效减水剂的缓凝效果，使大坝混凝土施工质量得到保证。此项技术已取得发明专利。

4.2.4　水分蒸发抑制剂应用技术

　　白鹤滩水电站工程所在地属典型的干热河谷大风气候，大风频发，常年 240d 以上出现 7 级以上大风，极端气温温差大、昼夜温差变化明显。混凝土在运输、浇筑过程中的水分蒸发问题突出，应用水分蒸发抑制剂可减少混凝土浇筑间隙期水分蒸发，减小混凝土干燥开裂风险。

　　混凝土塑性阶段的水分蒸发抑制剂原理是利用两亲性化合物在混凝土表面自组装形成稳定致密的单分子膜，通过改变水分蒸发的热力学过程，减少混凝土表层水分蒸发和抑制水分蒸发引起的塑性收缩和开裂。

　　水分蒸发抑制剂按 1 : 4 浓度稀释后，分别喷洒一两次，现场测试其对水分蒸发的影响。现场喷洒水分蒸发抑制剂见图 4.2-4。水分蒸发抑制剂采用无气喷涂设备喷洒在混凝土表面，效率高、喷洒均匀，试验结果见表 4.2-4。由表 4.2-4 可知，在高温大风环境下，以 1 : 4 稀释的水分蒸发抑制剂具有显著减小大坝混凝土水分蒸发的效果。喷洒一次时，2h 和 4h 水分蒸发抑制率分别为 51.1% 和

图 4.2-4　现场喷洒水分蒸发抑制剂

33.6%，而喷洒两次时，水分蒸发抑制率相比喷洒一次有明显的提升，2h 和 4h 水分蒸发

抑制率分别高达 62.3% 和 42.5%。

表 4.2-4　水分蒸发抑制率试验结果　　　　　　　　　　　　　%

喷洒次数	喷洒一次	喷洒两次
2h 水分蒸发抑制率	51.1	62.3
4h 水分蒸发抑制率	33.6	42.5

　　研究与应用结果表明，喷洒水分蒸发抑制剂可以有效降低混凝土表面水分蒸发量、显著抑制混凝土表面的结壳，降低混凝土自干燥收缩的驱动力，混凝土毛细管负压的发展延缓了 1~2h；对大坝混凝土强度发展均无影响。

4.2.5　混凝土高效施工分层调凝技术

　　水垫塘是大坝工程重要的泄洪消能配套设施。白鹤滩水电站水垫塘采用反拱型底板复式梯形断面设计，并采用双层混凝土进行浇筑，内层 3.4m 为 $C_{180}40$ 三级配混凝土，表层 0.6m 为 $C_{90}50$ 二级配抗冲磨混凝土。由于反拱底板混凝土单仓浇筑方量大，为保证混凝土浇筑强度和适应拉模施工工艺，初期全仓均选用掺缓凝型高性能减水剂和坍落度为 70~90mm 的混凝土，导致表层混凝土强度发展缓慢，为避免拖动模板导致的混凝土表面产生裂纹和混凝土崩坍，需推后拉模时间，使施工进度滞后。

　　经研究讨论确定采用分层调凝的方案对混凝土配合比进行调整，即将表层抗冲磨混凝土级配由二级配调整为小三级配（大石：中石：小石为 35：45：20）、坍落度由 70~90mm 降低至 30~50mm、缓凝型高性能减水剂更换为标准型高性能减水剂，以缩短表层混凝土的初凝时间。表层混凝土的初凝时间按不大于 10h 控制；内层混凝土不变，但需保证表层、内层混凝土的初凝时间差不大于 6h，以 2~6h 为宜。

　　依照"分层调凝"方案进行水垫塘反拱底板混凝土浇筑，示意图见图 4.2-5，"分层调凝"方案前后水垫塘反拱底板混凝土浇筑施工情况对比结果见表 4.2-5。由表 4.2-5 可知，采用"分层调凝"方案后，在大致相同的浇筑方量下，混凝土浇筑强度平均提高了 47%，浇筑历时平均降低了 32%。

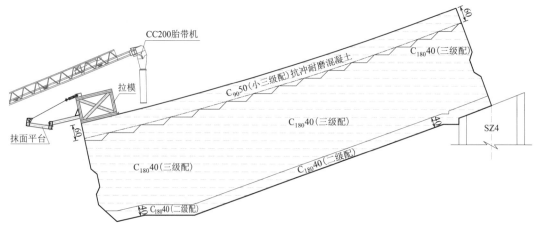

图 4.2-5　水垫塘反拱底板混凝土浇筑示意图（单位：cm）

表 4.2-5　"分层调凝"方案前后水垫塘反拱底板混凝土浇筑施工情况对比结果

类　　别	名　　称	实际浇筑方量/m³	浇筑强度/(m³/h)	浇筑历时/h
"分层调凝"前	浇筑仓 1	1088	9.6	113
"分层调凝"后	浇筑仓 2	1114	13.6	81.9
	浇筑仓 3	1101	13.4	82.2
	浇筑仓 4	1070	15.5	69.1
	浇筑仓 5	1026	13.9	74.0
	平均值	1078	14.1	76.8

"分层调凝"方案全面应用于水垫塘反拱底板混凝土浇筑后，显著提高了水垫塘反拱底板混凝土的浇筑施工效率，且脱模后混凝土表面未观察到裂纹，浇筑质量相比之前也得到明显改善，同时实现了水垫塘反拱底板拉模混凝土高效率施工和高质量施工。此项技术已取得发明专利。

经过两个汛期的过流，截至 2021 年年底，水垫塘抽干后检查，表面效果良好。抽干水后水垫塘形貌及混凝土表面效果见图 4.2-6。

（a）抽干水后形貌图　　　　　　　　　（b）混凝土表面效果

图 4.2-6　抽干水后水垫塘形貌及混凝土表面效果

4.2.6　粉煤灰中残留铵检测与控制技术

2015 年年底，燃煤发电厂严格执行脱硝政策后，在地下洞室施工过程中先后有 42 仓混凝土出现刺激性氨味，造成作业人员身体不适，如出现头晕甚至呕吐等症状。刺激性氨味不仅影响到现场施工人员的身体健康和安全，也可能影响到混凝土工程质量。经分析，氨味的源头为粉煤灰中的残留铵。

经调查得知，随着国家环保要求的不断提高，火电企业普遍采用了选择性催化还原

（SCR）的脱硝工艺除去 NO_x，以保证废气排放符合环保要求。在催化还原过程中产生了氨气的逃逸，部分吸附在粉煤灰表面，部分以铵盐的形式残留在粉煤灰颗粒中。当这些含残留铵的粉煤灰作为胶凝材料掺入混凝土中后，在混凝土拌和物的碱性环境中发生化学反应生成氨气，并在混凝土拌和、运输、浇筑、振捣过程中释放出来，导致混凝土出现刺激性氨味，尤其是在洞室等通风较差的施工环境中尤为明显。

然而，当时粉煤灰相关技术标准中未见关于残留铵的检测方法及限值规定，且粉煤灰中残留铵对混凝土性能的影响尚不明晰。为加强粉煤灰质量控制，合理解决现场氨味问题，开展了大量试验研究，研究粉煤灰中残留铵含量的检测方法，探究粉煤灰残留铵含量对混凝土性能的影响，结合试验成果和工程实践，确定了粉煤灰中残留铵含量允许限值作为粉煤灰的进场验收控制标准；从定性判断到定量检测，不断完善粉煤灰残留铵含量的检测方法与判定标准。通过粉煤灰驻厂监造和 2018 年开始实施的定量检测、执行残留铵限值验收标准后，粉煤灰残留铵含量得到有效控制，施工现场氨味很小。

在验收检验中共出现 3 批次粉煤灰的残留铵含量超过企业标准要求，均做退场处理。

研究提出两种残留铵含量定量试验方法——酸碱中和滴定法和电极法，仪器见图 4.2-7。

（a）酸碱中和滴定法　　　　　　　　　　（b）电极法

图 4.2-7　粉煤灰残留铵含量定量试验方法仪器

根据粉煤灰中残留铵的检测方法和控制限值的研究，结合白鹤滩水电站工程使用粉煤灰经验，总结形成了企业标准《水工混凝土用粉煤灰中铵的限值与检验规程》（Q/CTG 319—2020），明确了含残留铵粉煤灰的质量技术要求，并作为主编单位制定了国家标准《粉煤灰中铵离子含量的限量及检验方法》（GB/T 39701—2020）。

4.2.7　人工砂石粉含量和微粒含量控制技术

《水工混凝土施工规范》（DL/T 5144—2015）规定人工砂石粉含量为 6%～18%，对小于 0.08mm 微粒含量无规定。通过大量试验研究制定了企业标准《拱坝混凝土用细骨料技术要求及检验》（Q/CTG 17—2015），规定人工砂石粉含量为 10% ~ 15%、小于 0.08mm 微粒含量宜小于 9%。白鹤滩水电站大坝工程开始使用的石灰岩人工砂石粉含量基本介于 12% ~ 16%、小于 0.08mm 微粒含量大部分大于 9%，平均值为 10.4%，拌制的混凝土黏性较大，达到设计含气量的引气剂掺量增加。现场浇筑时，振捣提棒后出现棒坑、大气泡不易排出，拆模后混凝土表面气泡较多。

通过外掺石粉和微粒的方式，配制出石粉含量分别为 12.2%（含微粒 6.8%）、14.4%（含微粒 9.0%）、14.4%（含微粒 11.0%）的人工砂，研究不同石粉含量和微粒含量的人工砂对混凝土性能的影响。试验结果表明，随着人工砂中微粒含量的增加，混凝土含气量逐渐减小，黏性也逐渐增大，微粒含量每增加 2%，含气量减小 0.5% ~ 0.7%，混凝土坍落度同样呈逐渐减小的趋势。试件表面气孔直径增大、大气孔数量呈逐渐增多趋势；当微粒含量不大于 9%（石粉含量为 14.4% 和 12.2%）时，混凝土拌和物和易性较好。

分析可知，在中、低强度等级的混凝土体系中，人工砂中合理范围的石粉有利于调节砂的级配，增加混凝土结构中的粉体含量，能有效改善混凝土工作性，改善混凝土的保水性、黏聚性，并减少混凝土泌水的出现。人工砂中石粉对水泥水化过程及其水化产物形成影响较小，因此，合理范围的石粉含量对混凝土各方面的性能是有利的。如果石粉含量过大会导致混凝土用水量增加、干缩率增加、黏性增大、达到设计含气量的引气剂掺量增加，混凝土抗压强度、轴向抗拉强度和极限拉伸值也呈现先增加后减小的趋势。人工砂中石粉含量对混凝土干缩率和极限拉伸值的影响见图 4.2-8。由图 4.2-8 可知，石粉含量过大是导致混凝土坍落度降低、黏度增大的主要原因之一，进而引起现场混凝土振捣后出现棒坑、排气困难等现象。

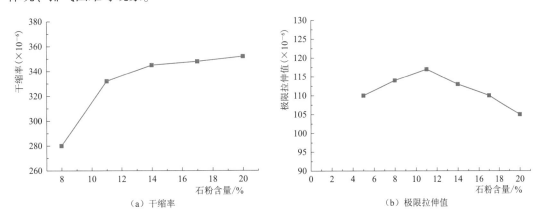

（a）干缩率　　　　　　　　　　　（b）极限拉伸值

图 4.2-8　人工砂中石粉含量对混凝土干缩率和极限拉伸值的影响

考虑到混凝土过黏的情况，结合混凝土性能试验结果，适当降低人工砂石粉含量控制值上限。出厂人工砂石粉含量控制在 10.0% ~ 14.0% 范围内，尽量以中值控制，同时降低从回收池回收的微粒掺量，从而达到控制微粒含量不大于 9% 的目的。

通过调整人工砂石粉含量及微粒含量后，大坝混凝土的工作性能得到改善，混凝土过黏的情况得到缓解。解决了因混凝土过黏振捣后出现棒坑、振捣排气困难的问题，拆模后混凝土表面大气孔明显减少。混凝土调整前后施工效果对比见图 4.2-9。

<table>
<tr><td>（a）调整前</td><td>（b）调整后</td></tr>
</table>

图 4.2 9　混凝土调整前后施工效果对比

4.2.8　粗骨料级配比例动态调整技术

大坝混凝土开浇初期，大坝砂石系统生产的各级粗骨料的比例勉强能够满足大坝混凝土最佳骨料组合比（特大石∶大石∶中石∶小石为 30∶30∶20∶20）的需求，受料源母岩和石灰岩人工粗骨料长距离（48km）运输过程中碰撞摩擦的影响，造成部分骨料破裂。混凝土生产系统二次筛分后，特大石和大石获得率偏低，在混凝土大量浇筑时，出现生产的各级粗骨料比例与实际使用的最佳骨料组合比不匹配的问题，供应的粗骨料特大石、大石的占比偏低，而中石、小石的占比偏高。大坝砂石系统通过提高骨料产量以满足大坝施工对特大石和大石的需求，但随之带来的问题是，因中石、小石使用量少，导致囤积"爆仓"，不得不被动大量弃料。同时，当大坝浇筑强度继续上升、四级配混凝土比例进一步增加时，大坝砂石系统供应的各级粗骨料的比例将更难以满足大坝混凝土最佳骨料组合比的需求，不仅会导致中石、小石的更大浪费，而且大坝连续浇筑、骨料的供应也有潜在的风险。

通过大量骨料组合比例与混凝土拌和物、硬化混凝土性能、大坝施工性能试验，在不影响混凝土性能的情况下，对四级配混凝土粗骨料的组合比例进行适当调整，采用降低特大石比例、提高中石和小石比例，按正常施工措施对混凝土进行施工，不同粗骨料组合比例的大坝混凝土仓面浇筑效果对比见图 4.2-10。粗骨料组合比调整后大坝混凝土施工性能见表 4.2-6。由图 4.2-10 和表 4.2-6 可知，当特大石∶大石∶中石∶小石为 25∶30∶22∶23 时，在不改变胶凝材料用量、水胶比和施工措施的情况下，混凝土的振捣出浆时间短、无骨料外露情况且砂浆厚度适中。

表 4.2 6　粗骨料组合比调整后大坝混凝土施工性能

优先排序	设计指标	粗骨料组合比 （特大石∶大石∶中石∶小石）	坍落度 /mm	含气量 /%	振捣出浆 时间	骨料外露 情况	仓面砂浆厚度 /mm
1		25∶30∶22∶23	45	4.3	短	无	10
2	$C_{180}30F300W15$	23∶30∶23∶24	48	5.0	适中	少量	5
3		20∶30∶24∶26	40	4.8	较长	局部偏多	1

（a）特大石∶大石∶中石∶小石为25∶30∶22∶23

（b）特大石∶大石∶中石∶小石为23∶30∶23∶24

（c）特大石∶大石∶中石∶小石为20∶30∶24∶26

图 4.2　10　不同粗骨料组合比的大坝混凝土仓面浇筑效果对比图

粗骨料的生产与供应之间的矛盾得到解决，调整前与调整后大坝砂石系统粗骨料供应级配变化情况见表 4.2-7。调整后特大石供应量平均约降低了 30%。根据粗骨料组合比调整后（25%特大石含量）的大坝混凝土浇筑量计算，与粗骨料组合比调整前相比多利用中、小石共 90 万 t，同时减少了骨料生产成本、渣场扩容征地和弃料转运费用，产生的经济和环保效益显著。

表 4.2-7　调整前与调整后大坝砂石系统粗骨料供应级配变化情况

调 整 前		调 整 后	
时　间	粗骨料组合比	时　间	粗骨料组合比
2017 年 8 月	33∶23∶23∶20	2017 年 12 月	27∶33∶23∶18
2017 年 9 月	36∶22∶21∶20	2018 年 1 月	28∶29∶24∶19
2017 年 10 月	44∶18∶21∶18	2018 年 2 月	27∶31∶22∶20
区间平均	39.1∶20.3∶21.3∶19.3	区间平均	27.4∶23.2∶30.9∶18.5

4.3　混凝土质量管理效果

通过对原材料、混凝土生产的有效控制，混凝土生产质量得到很大提升，用于白鹤滩水电站工程的原材料品质均满足相应的标准、规程和规范要求。混凝土生产质量控制水平与质量等级评定均为优秀，混凝土拌和物性能合格率接近 100.0%，废料率仅约 0.11‰，有效保证了混凝土生产质量。

4.3.1　原材料检测情况

4.3.1.1　低热水泥

白鹤滩水电站工程共使用低热水泥约 315 万 t，共验收检验 5986 个批次，检测结果见表 4.3-1。由表 4.3-1 可知：

（1）导流洞工程施工阶段，验收检验低热水泥 H 共 404 个批次，低热水泥 J 共 207 个批次，检测结果均满足《中热硅酸盐水泥　低热硅酸盐水泥　低热矿渣硅酸盐水泥》（GB 200—2003）的要求。

（2）主体工程阶段，5 年验收检验低热水泥 H 共 3091 个批次，低热水泥 J 共 2286 个批次，检测结果满足《中热硅酸盐水泥　低热硅酸盐水泥　低热矿渣硅酸盐水泥》（GB 200—2003）或《中热硅酸盐水泥　低热硅酸盐水泥》（GB/T 200—2017）的要求，且同时满足企业标准《拱坝混凝土用低热硅酸盐水泥技术要求及检验》（Q/CTG 13—2015）的要求。相比导流洞工程施工阶段，主体工程施工阶段低热水泥 H 和低热水泥 J 品质得到了大幅提升，如 28d 龄期抗压强度标准差分别为 1.8MPa 和 1.6MPa，分别降低了 1.1MPa 和 0.5MPa；28d 龄期抗压强度极差分别为 9.1MPa 和 7.4MPa，分别降低了 3.8MPa 和 1.6MPa。

表 4.3-1　主体工程低热水泥品质检测结果

厂家及施工阶段	统计项目	标准稠度/%	比表面积/(m²/kg)	凝结时间/min 初凝	凝结时间/min 终凝	抗压强度/MPa 7d	抗压强度/MPa 28d	抗折强度/MPa 7d	抗折强度/MPa 28d	安定性	烧失量/%	MgO/%	SO_3/%	碱含量/%	水化热/(kJ/kg) 3d	水化热/(kJ/kg) 7d
低热水泥 H（导流洞）	检测次数	404	404	404	404	404	404	404	404	404	—	22	22	22	22	22
	最大值	28.4	347	270	358	32.1	55.4	7.0	9.4	合格	—	4.55	2.17	0.58	206	239
	最小值	22.0	273	166	223	16.4	42.5	4.1	7.2		—	3.55	1.73	0.41	188	230
	平均值	24.6	328	230	310	22.2	46.4	5.2	8.4		—	4.11	1.92	0.52	195	236
	标准差	0.9	11	16	21	2.5	2.9	0.5	0.4		—	—	—	—	—	—
	合格率/%	—	100.0	100.0	100.0	100.0	100.0	100.0	100.0	100.0		100.0	100.0	100.0	100.0	100.0
低热水泥 J（导流洞）	检测次数	207	207	207	207	207	207	207	207	97	—	12	12	12	12	12
	最大值	27.4	356	270	355	30.7	51.7	7.6	9.6	合格	—	4.24	2.11	0.57	188	240
	最小值	24.8	298	198	274	16.3	42.7	3.7	6.8		—	3.37	1.55	0.39	182	222
	平均值	25.6	328	233	318	23.4	46.5	5.2	8.2		—	3.89	1.81	0.48	186	230
	标准差	0.4	9.7	16	17	2.4	2.1	0.6	0.5		—	—	—	—	—	—
	合格率/%	—	100.0	100.0	100.0	100.0	100.0	100.0	100.0	100.0		100.0	100.0	100.0	100.0	100.0
低热水泥 H（主体工程）	检测次数	3091	3091	3091	3091	3091	3091	3091	3091	3091	387	387	387	387	97	97
	最大值	27.6	340	338	387	32.4	51.9	7.7	9.2	合格	1.85	4.97	2.82	0.54	213	246
	最小值	21.9	305	160	180	14.9	42.8	3.7	7.0		0.68	4.02	1.14	0.21	161	224
	平均值	24.2	327	200	280	22.1	48.0	5.1	8.0		1.02	4.50	1.79	0.39	198	237
	标准差	0.6	7	24	22	2.0	1.8	0.4	0.4		0.22	0.24	0.26	0.08	10	5
	合格率/%	—	100.0	100.0	100.0	100.0	100.0	100.0	100.0	100.0	100.0	100.0	100.0	100.0	100.0	100.0
低热水泥 J（主体工程）	检测次数	2286	2286	2286	2286	2286	2286	2286	2286	2286	240	240	240	240	75	75
	最大值	27.4	338	303	385	30.0	51.0	7.7	9.3	合格	1.92	4.97	2.68	0.58	219	249
	最小值	22.2	302	165	218	15.1	43.6	3.7	7.0		0.58	4.05	1.17	0.24	185	220
	平均值	25.3	324	218	292	21.4	47.3	4.9	8.0		1.24	4.49	1.95	0.44	194	233
	标准差	0.6	5	15	16	1.8	1.6	0.4	0.4		0.37	0.25	0.26	0.06	7	4
	合格率/%	—	100.0	100.0	100.0	100.0	100.0	100.0	100.0	100.0	100.0	100.0	100.0	100.0	100.0	100.0
GB 200—2003		—	≥250	≥60	≤720	≥13.0	≥42.5	≥3.5	≥6.5	合格	≤3.0	≤5.0	≤3.5	≤0.60	≤230	≤260
GB/T 200—2017		—	≥250	≥60	≤720	≥13.0	≥42.5	≥3.5	≥6.5	合格	≤3.0	≤5.0	≤3.5	≤0.60	≤230	≤260
Q/CTG 13—2015		—	≤340	≥60	≤720	≥13.0	47±3.5	≥3.5	≥7.0	合格	≤3.0	4.0~5.0	≤3.5	≤0.55	≤220	≤250

4.3.1.2 粉煤灰

白鹤滩水电站工程共使用 8 个厂家供应的 F 类 I 级粉煤灰约 181 万 t。按国家标准和企业标准对粉煤灰进行验收检验，共有 31 批次粉煤灰检测结果不合格，均进行了退场处理。粉煤灰验收检测结果统计见表 4.3-2。由表 4.3-2 可知，粉煤灰品质均满足国家标准《用于水泥和混凝土中的粉煤灰》（GB/T 1596—2005 和 GB/T 1596—2017）、企业标准《拱坝混凝土用粉煤灰技术要求及检验》（Q/CTG 15—2015）和《水工混凝土用粉煤灰中铵的限值与检验规程》（Q/CTG 319—2020）中 F 类 I 级粉煤灰的技术要求。

表 4.3-2 粉煤灰验收检测结果统计表

粉煤灰类型	统计项目	细度（45μm筛筛余）/%	需水量比/%	烧失量/%	含水量/%	碱含量/%	SO_3/%	CaO/%	f-CaO/%	铵含量/（mg/kg）
F 类 I 级	检测次数	10250	10250	10250	10250	1306	1306	1066	980	961
	最大值	12.0	95	5.00	0.4	2.67	2.53	5.96	0.52	198
	最小值	1.6	90	0.58	0.0	0.10	0.10	0.36	0.07	9
	平均值	7.3	93	3.57	0.2	1.24	1.05	3.97	0.37	105
	合格率/%	100.0	100.0	100.0	100.0	100.0	100.0	100.0	100.0	100.0
GB/T 1596—2005 GB/T 1596—2017	F 类 I 级灰	≤12.0	≤95	≤5.0	≤1.0	—	≤3.0	—	≤1.0	—
Q/CTG 15—2015		≤12.0	≤95	≤5.0	≤1.0	≤2.7	≤3.0	≤6.0	≤1.0	—
Q/CTG 319—2020		—	—	—	—	—	—	—	—	≤200

4.3.2 混凝土生产质量控制水平与质量等级评定

按《水工混凝土施工规范》（DL/T 5144—2015）对主要强度等级低热水泥混凝土生产质量控制水平共评定 867 次，评定结果均为优秀；对主要强度等级低热水泥混凝土质量等级共评定 943 次，评定结果均为优秀，且不同强度等级混凝土强度保证率均不小于95.7%。混凝土生产质量控制水平和质量等级评定结果见表 4.3-3。

表 4.3-3 混凝土生产质量控制水平和质量等级评定结果

生产系统	混凝土生产质量控制水平		混凝土质量等级	
	评定次数	优秀率/%	评定次数	优秀率/%
高线	145	100.0	139	100.0
低线	125	100.0	93	100.0
荒田	451	100.0	512	100.0
三滩	146	100.0	199	100.0
合计	867	100.0	943	100.0

4.3.3　混凝土拌和物性能检测结果

截至 2022 年 2 月，混凝土出机口坍落度、含气量、温度等拌和物性能检测结果见表 4.3-4。由表 4.3-4 可知，入仓混凝土拌和物符合率均在 98.5% 以上，合格率 100.0%，均能较好地满足企业标准要求。

表 4.3-4　混凝土出机口拌和物性能检测结果

检测项目	检测次数/次	符合率/%	合格率/%
坍落度	100400	99.4	100.0
含气量	92981	98.5	100.0
温度	109369	99.2	100.0

对全工程混凝土废料情况进行统计，统计结果见表 4.3-5。由表 4.3-5 可知，白鹤滩水电站工程 4 座混凝土生产系统的废料共计 2024.5m³，与混凝土总量约 1800 万 m³ 相比，废料率仅约 0.11‰。

表 4.3-5　混凝土废料统计结果

时　　间	混凝土生产系统	废料方量/m³	废料原因
2014 年 5 月至 2022 年 4 月	三滩	339	称量出错、拌和物性能不合格、生产系统故障、混凝土配合比错误、混凝土施工等待时间过长等
2013 年 8 月至 2022 年 4 月	荒田	449	
2015 年 7 月至 2022 年 4 月	高线、低线	1236.5	
合　　计	—	2024.5	

4.4　思考与借鉴

（1）白鹤滩水电站工程用水泥、粉煤灰、外加剂等业主统供原材料采用的"驻厂监造"管理模式，将原材料生产质量的控制关口前移，并以此为基础构建原材料"五环联控"质量管理模式，有效保证了原材料高质量稳定供应。

（2）施工过程中，应结合工程实际情况组织开展混凝土相关材料科研工作，为工程施工提供充足技术储备，以应对原材料变化、严酷环境、快速施工等特殊需求，辅以配合比动态调控，改进混凝土施工性能，确保工程质量和进度。

（3）在水利水电行业首次自主开发和成功应用了试验检测信息管理系统，保证了全工程试验检测数据的真实性、可靠性和可追溯性，提高了试验检测水平和工作效率，实现了原材料和混凝土质量控制全过程信息化管理，为试验检测信息化、智能化、无纸化提供了全面解决方案。

第5章 低热水泥混凝土全工程应用

针对白鹤滩水电站工程不同部位应用低热水泥混凝土的技术要求及施工特点，选取了个性化的配合比参数，制定了差异化的施工工艺、精细化的温度控制措施，保障了白鹤滩水电站工程全面建成无裂缝大坝、镜面无缺陷泄洪洞等水工建筑物，树立了行业标杆。本章重点介绍白鹤滩水电站主体工程各部位使用的低热水泥混凝土施工配合比参数、混凝土性能、施工与温度控制，以及不同部位应用低热水泥混凝土的建议。

5.1 混凝土施工配合比参数

白鹤滩水电站工程低热水泥混凝土使用的原材料主要有低热水泥、I级粉煤灰、石灰岩骨料、玄武岩骨料、高效减水剂、高性能减水剂、引气剂等。各工程部位对应的混凝土生产系统和原材料品种见表5.1-1。

表5.1-1　各工程部位对应的混凝土生产系统和原材料品种

序号	工程部位		混凝土生产系统	混凝土原材料
1	大坝工程		高线、低线	低热水泥J、I级粉煤灰、石灰岩骨料、高效减水剂、引气剂
2	水垫塘与二道坝工程		荒田	低热水泥H、I级粉煤灰、玄武岩骨料、高性能减水剂、引气剂
3	输水发电系统工程	左岸引水及厂房	荒田、三滩	
		右岸引水及厂房		
		左岸、右岸尾水		
4	泄洪洞工程			
5	导流洞工程		荒田	低热水泥J、I级粉煤灰、玄武岩骨料、高性能减水剂、引气剂
			三滩	低热水泥H、I级粉煤灰、玄武岩骨料、高性能减水剂、引气剂

（1）大坝工程低热水泥混凝土由高线、低线混凝土生产系统生产，主要包括 $C_{180}40F_{90}300W_{90}15$、$C_{180}35F_{90}300W_{90}14$、$C_{180}30F_{90}250W_{90}13$ 和 $C_{90}40F_{90}300W_{90}15$ 四个设计标号，分别用于大坝A区、B区、C区和孔口及闸墩等部位。由于不同坍落度和级配的混凝土使用区域不同，共有18个主要配合比，其施工配合比参数见表5.1-2，其中含气量设计要求为4.5%～5.5%，引气剂掺量以满足混凝土含气量要求的实际掺量为准。考虑到工程重要性和大坝混凝土长期耐久性，经研究确定大坝混凝土胶凝材料用量不得低于 $166kg/m^3$。

表 5.1-2　大坝工程低热水泥混凝土施工配合比参数

序号	生产系统	应用部位	混凝土设计指标	级配	水胶比	粉煤灰掺量/%	砂率/%	减水剂掺量/%	引气剂掺量/‰	材料用量/(kg/m³)			设计坍落度/mm
										水	水泥	粉煤灰	
1		大坝工程A区	$C_{180}40$ $F_{90}300W_{90}15$	四	0.42	35	24	0.60	0.40	81	125	68	30~50
2				三	0.42	35	26	0.60	0.40	95	147	79	50~70
3				三	0.42	35	25	0.60	0.40	93	144	77	30~50
4				三F	0.42	35	28	0.60	0.40	98	151	82	40~60
5				二	0.40	35	32	0.60	0.40	109	177	96	70~90
6		大坝工程B区	$C_{180}35$ $F_{90}300W_{90}14$	四	0.46	35	25	0.60	0.40	82	116	62	30~50
7				三	0.46	35	26	0.60	0.40	93	131	71	30~50
8				三	0.46	35	27	0.60	0.40	95	135	72	50~70
9	低线/高线			三F	0.46	35	29	0.60	0.40	98	138	75	40~60
10				二	0.44	35	33	0.60	0.40	109	161	87	70~90
11		大坝工程C区	$C_{180}30$ $F_{90}250W_{90}13$	四	0.50	35	26	0.60	0.40	83	108	58	30~50
12				三	0.50	35	27	0.60	0.40	93	121	65	30~50
13				三	0.50	35	28	0.60	0.40	95	124	66	50~70
14				三F	0.50	35	30	0.60	0.40	98	127	69	40~60
15				二	0.48	35	34	0.60	0.40	109	148	79	70~90
16		孔口及闸墩、二期回填、底孔钢衬	$C_{90}40$ $F_{90}300W_{90}15$	三	0.40	35	25	0.70	0.40	98	159	86	50~70
17				二	0.38	35	31	0.70	0.40	109	187	100	70~90
18				二	0.38	30	46	0.95	0.03	150	292	125	550~650

表5.1-3 其他工程部位低热水泥混凝土主要施工配合比参数

序号	应用部位	混凝土设计指标	级配	水胶比	粉煤灰掺量/%	砂率/%	材料用量(kg/m³)			减水剂掺量/%	引气剂掺量/‰	坍落度(扩展度)/mm	含气量/%
							水	水泥	粉煤灰				
1	水垫塘与二道坝工程	$C_{180}30$ F150W8	二	0.50	35	35	116	151	81	0.65	0.13	50~70	4.5~5.5
2			三	0.50	35	31	100	130	70	0.65	0.18	50~70	4.5~5.5
3			四	0.50	35	24	81	105	57	0.65	0.25	30~50	4.5~5.5
4		$C_{180}40$ F150W8	二	0.41	35	34	115	182	98	0.65	0.13	50~70	4.5~5.5
5			三	0.41	35	30	99	157	85	0.65	0.18	50~70	4.5~5.5
6		$C_{90}50$ F150W10	二	0.34	20	31	121	285	71	0.65	0.13	70~90	3.0~4.0
7			三S*	0.34	20	29	96	226	56	0.85	0.18	30~50	3.0~4.0
8	水垫塘与二道坝工程/地下洞室工程/厂房工程/泄洪洞工程/导流洞工程	C25F100W10	一	0.43	20	45	150	279	70	0.70	0.10	140~160	4.5~5.5
9			二	0.43	20	34	122	227	57	0.65	0.13	70~90	4.5~5.5
10			二	0.43	20	42	139	259	65	0.70	0.10	140~160	4.5~5.5
11			三	0.43	20	31	105	195	49	0.65	0.18	70~90	4.5~5.5
12		C30F100W10	一	0.38	25	47	180	358	118	0.70	0.10	550~655	4.5~5.5
13			一	0.38	20	45	150	316	79	0.70	0.10	140~160	4.5~5.5
14			二	0.38	20	34	124	261	65	0.65	0.13	70~90	4.5~5.5
15			二	0.38	20	41	139	293	73	0.70	0.10	140~160	4.5~5.5
16			三	0.38	20	31	107	225	56	0.65	0.18	70~90	4.5~5.5
17		C40F100W10	一	0.32	20	42	152	380	95	0.70	0.10	140~160	3.0~4.0
18			二	0.32	20	33	124	310	78	0.65	0.13	70~90	3.0~4.0
19			二	0.32	20	38	141	353	88	0.70	0.10	140~160	3.0~4.0
20		$C_{90}20$F100W10	一	0.53	35	46	150	184	99	0.70	0.10	140~160	4.5~5.5
21			二	0.53	35	35	122	150	81	0.65	0.13	70~90	4.5~5.5
22			二	0.53	35	43	139	170	92	0.70	0.10	140~160	4.5~5.5

续表

序号	应用部位	混凝土设计指标	级配	水胶比	粉煤灰掺量/%	砂率/%	水	水泥	粉煤灰	减水剂掺量/%	引气剂掺量/‰	坍落度(扩展度)/mm	含气量/%
23		C₉₀25F100W10	一	0.45	29	48	180	285	118	0.70	0.10	550~655	4.5~5.5
24			一	0.50	35	46	150	195	105	0.70	0.10	140~160	4.5~5.5
25			二	0.50	35	34	122	159	85	0.65	0.13	70~90	4.5~5.5
26			二	0.50	35	42	139	181	97	0.70	0.10	140~160	4.5~5.5
27	水垫塘与二道坝工程/地下洞室与厂房工程/泄洪洞工程/导流洞工程		三	0.50	35	32	105	137	74	0.65	0.18	70~90	4.5~5.5
28		C₉₀30F150W10	一	0.43	29	48	180	298	123	0.70	0.10	550~655	4.5~5.5
29			二	0.42	29	47	165	278	114	0.70	0.10	550~655	4.5~5.5
30			二	0.45	35	45	150	217	117	0.70	0.13	140~160	4.5~5.5
31			二	0.45	35	33	122	176	95	0.65	0.10	70~90	4.5~5.5
32			二	0.45	35	42	138	199	107	0.70	0.10	140~160	4.5~5.5
33			三	0.45	35	32	105	152	82	0.65	0.18	70~90	4.5~5.5
34		C₉₀35F150W10	二	0.41	25	33	122	223	74	0.65	0.13	70~90	4.5~5.5
35			二	0.41	25	41	140	256	85	0.70	0.10	140~160	4.5~5.5
36		C₉₀40F150W10	一	0.38	29	46	180	334	138	0.70	0.10	550~655	4.5~5.5
37	泄洪洞工程		二	0.38	25	32	124	245	82	0.65	0.13	70~90	4.5~5.5
38			二	0.38	25	40	139	274	91	0.70	0.10	140~160	4.5~5.5
39			三	0.38	25	31	100	197	66	0.65	0.18	50~70	4.5~5.5
40		C₉₀60F150W10	二	0.33	20	30	121	293	73	0.75	0.13	70~90	3.0~4.0
41			二	0.33	25	38	132	300	100	0.75	0.10	140~160	3.0~4.0

* 三S表示大石，中石，小石比例为20∶45∶35的小三级配混凝土。

各级配混凝土使用原则为，通常 3m 升层的大坝混凝土浇筑仓分为 6 个坯层，首坯层非钢筋区域浇筑三级配富浆混凝土、钢筋区域浇筑二级配混凝土，用以保障混凝土施工缝面层间结合良好；铺设冷却水管坯层和大坝上、下游面 1m 范围内浇筑三级配混凝土；其他坯层浇筑四级配混凝土。二级配混凝土主要用于大坝结构复杂仓或钢筋密集区，与坝体四级配混凝土之间使用三级配混凝土过渡。

大坝低热水泥混凝土施工配合比与科研单位推荐配合比基本一致。四级配混凝土水胶比和粉煤灰掺量未发生变化，为满足大坝混凝土胶凝材料用量不低于 $166kg/m^3$ 的要求，$C_{180}30F_{90}250W_{90}13$ 混凝土用水量提高 $1kg/m^3$、砂率提高 2%。

（2）水垫塘与二道坝、地下厂房、泄洪洞和导流洞等工程部位混凝土由三滩、荒田混凝土生产系统生产。其他工程部位低热水泥混凝土主要施工配合比参数见表 5.1-3。其中 C25F100W8、C30F100W10、C40F100W10 混凝土主要用于板梁柱等结构部位，$C_{90}20F100W10$、$C_{90}25F100W10$、$C_{90}30F150W10$ 和 $C_{90}40F150W10$ 混凝土主要用于地下洞室衬砌，$C_{180}30F150W8$、$C_{180}40F150W8$ 混凝土和 $C_{90}50F150W10$ 抗冲磨混凝土用于水垫塘与二道坝工程，$C_{90}60F150W10$ 抗冲磨混凝土用于泄洪洞龙落尾段。

二级配常态混凝土坍落度主要按 70~90mm 控制，泵送混凝土坍落度主要按 140~160mm 控制，同时结合现场浇筑情况进行配合比微调。当因切换不同粉煤灰厂家导致粉煤灰性能发生变化时，原则上保持用水量和胶凝材料用量不变，通过调整外加剂掺量使混凝土工作性能满足施工要求。

与科研单位推荐配合比相比，地下洞室与厂房工程各强度等级混凝土施工配合比参数变化不大。同时，由于原材料厂家和品质变化、低热水泥与外加剂适应性有所改善等情况，混凝土减水剂掺量由 0.80% 下调至 0.65%~0.70%，引气剂掺量上调 0.04‰~0.07‰。

为减轻混凝土温度控制压力、降低混凝土内部温升、提高混凝土的抗裂能力，开展了泄洪洞龙落尾抗冲磨混凝土配合比优化试验。结果表明，由于原材料性能参数变化，与科研阶段推荐配合比相比，优化后的 $C_{90}60F150W10$ 抗冲磨混凝土水胶比上调 0.03，减水剂掺量上调 0.05%，常态混凝土粉煤灰掺量上调 10%，泵送混凝土粉煤灰掺量上调 5%。因混凝土用水量、水泥用量减少，从而降低了混凝土温升，提高了混凝土抗裂性和降低了混凝土成本，从根本上减小了混凝土产生温度裂缝的概率和风险。

5.2 导流洞工程

白鹤滩水电站导流洞工程采用全年挡水围堰、隧洞导流的方式，共布置 5 条导流隧洞，总长 8980.27m，其中左岸 3 条，右岸 2 条。导流洞平面上呈双弯、平行布置，洞身断面为城门洞形，衬砌后断面尺寸宽×高均为 17.5m×22m。导流隧洞采用钢筋混凝土衬砌，除进口、出口洞段采用厚 2.0~2.5m 衬砌外，其他洞身段采用厚 1.0~1.5m 衬砌。

5.2.1 混凝土性能

5.2.1.1 混凝土拌和物性能

1. 坍落度/扩展度

导流洞混凝土出机口坍落度/扩展度共检测 12087 次，其检测结果统计见表 5.2-1。由表 5.2-1 可知，以设计要求进行评价，混凝土坍落度/扩展度总体符合率为 96.6%；以允许偏差进行评价，入仓混凝土坍落度/扩展度合格率为 100.0%，满足《水工混凝土施工规范》（DL/T 5144—2001）与白鹤滩水电站工程砂石加工及混凝土生产系统招标技术条款要求。

表 5.2-1 导流洞混凝土出机口坍落度/扩展度检测结果统计表

生产系统	取样地点	设计要求/mm	检测次数	最大值/mm	最小值/mm	平均值/mm	符合率/%	允许偏差/mm	合格率/%
三滩	出机口	120~140	90	160	124	132	95.6	±30	100.0
		140~160	2844	188	128	160	98.5	±30	100.0
		160~180	4568	200	141	179	96.3	±30	100.0
		180~200	474	214	165	197	97.0	±30	100.0
		600~700	48	705	592	645	95.8	±30	100.0
荒田	出机口	70~90	8	90	70	82	100.0	±20	100.0
		100~120	6	120	101	121	100.0	±30	100.0
		120~140	17	145	135	139	94.1	±30	100.0
		140~160	832	180	140	158	96.7	±30	100.0
		160~180	2627	200	148	178	95.2	±30	100.0
		180~200	526	205	177	197	95.6	±30	100.0
		600~700	47	698	600	653	100.0	±30	100.0
合　计		—	12087				96.6	—	100.0

注　允许偏差系指以设计要求坍落度中值为准。

2. 含气量

导流洞混凝土出机口含气量共检测 10984 次，其检测结果统计见表 5.2-2。由表 5.2-2 可知，混凝土含气量总体符合率为 95.8%，入仓混凝土含气量合格率为 100.0%，满足《水工混凝土施工规范》（DL/T 5144—2001）与白鹤滩水电站工程砂石加工及混凝土生产系统招标技术条款要求。

表 5.2-2 导流洞混凝土出机口含气量检测结果统计表

生产系统	取样地点	设计要求/%	检测次数	最大值/%	最小值/%	平均值/%	符合率/%	允许偏差/%	合格率/%
三滩	出机口	3.5~4.5	7341	5.0	3.1	4.0	95.5	±1	100.0
荒田	出机口	3.5~4.5	3643	5.0	3.0	4.0	96.4	±1	100.0
合　计		—	10984				95.8	—	100.0

3. 温度

导流洞混凝土出机口温度共检测 15822 次，其检测结果统计见表 5.2-3。由表 5.2-3 可知，混凝土出机口温度总体符合率为 96.5%，总体合格率为 100.0%，满足《水工混凝土施工规范》（DL/T 5144—2001）与白鹤滩水电站工程砂石加工及混凝土生产系统招标技术条款要求。

表 5.2-3 导流洞混凝土出机口温度检测结果统计表

生产系统	取样地点	设计要求 /℃	检测次数	最大值 /℃	最小值 /℃	平均值 /℃	符合率 /%	合格要求 /℃	合格率 /%
三滩	出机口	≤14.0	6539	16	9.6	13.3	95.5	≤16.0	100.0
荒田	出机口	≤14.0	9283	16	6.6	13.3	97.3	≤16.0	100.0
合 计		—	15822		—		96.5	—	100.0

5.2.1.2 混凝土抗压强度

导流洞混凝土抗压强度共检测 11804 组，检测结果统计见表 5.2-4。由表 5.2-4 可知，混凝土设计龄期抗压强度均满足设计要求，且有一定富余。

表 5.2-4 导流洞混凝土抗压强度检测结果统计表

设计指标	龄期 /d	组数	最大值 /MPa	最小值 /MPa	平均值 /MPa	不低于设计强度 百分率/%
C15F50W4	28	59	30.3	20.4	27.9	100.0
C20F100W10	28	863	32.0	23.2	28.5	100.0
C25F100W10	28	522	42.2	27.6	31.8	100.0
C30F100W10	28	962	47.3	34.1	38.9	100.0
	90	1	41.3	41.3	41.3	—
C40F100W10	28	71	51.1	43.2	47.6	100.0
$C_{90}30F150W10$	7	6	16.3	13.2	15.2	—
	28	2079	38.7	23.5	28.2	—
	90	3073	48.2	38.2	43.0	100.0
$C_{90}40F150W10$	3	1	15.9	15.9	15.9	—
	7	3	19.7	18.7	19.0	—
	28	1282	46.6	31.5	37.4	—
	90	2882	67.5	46.0	51.1	100.0

5.2.1.3 混凝土全性能

导流洞混凝土全性能试验共检测 15 组，主要包括 $C_{90}40F150W10$、$C_{90}30F150W10$、C30F100W10 等强度等级混凝土，混凝土全性能试验检测结果统计见表 5.2-5。由表 5.2-5 可知，所检试样的抗压强度、抗冻等级和抗渗等级均满足设计要求，$C_{90}40F150W10$、$C_{90}30F150W10$ 和 C30F100W10 混凝土设计龄期极限拉伸值平均值分别为 120×10^{-6}、117×10^{-6} 和 96×10^{-6}。

表 5.2-5　导流洞混凝土全性能试验检测结果统计表

设计指标	抗压强度/MPa			设计龄期极限拉伸值（×10⁻⁶）	设计龄期弹性模量/GPa	设计龄期抗冻等级	设计龄期抗渗等级
	7d	28d	90d				
C₉₀40F150W10	—	42.1	56.7	120	38.5	>F150	>W10
C₉₀30F150W10	—	34.8	49.7	117	36.4	>F150	>W10
C30F100W10	30.0	39.5	—	96	32.0	>F100	>W10

5.2.2　混凝土温度控制

在大体积混凝土中，内部温度与外部温度差异较大时，极易产生温度裂缝。一般采用预冷骨料、加冰、加制冷水拌制混凝土，表面保温与内部通水冷却等温度控制措施降低混凝土内部温度，减小内外温差，达到减少甚至消除混凝土温度裂缝的目的。

低热水泥的突出优点为水化热较低，探明是否可通过低热水泥预冷混凝土达到温度控制目的，可为地下洞室工程衬砌混凝土合理规划温度控制措施提供参考，具有重大意义。为此，在浇筑导流洞衬砌混凝土时开展了常温混凝土与预冷混凝土、通水与未通水混凝土的组合温度控制效果对比试验，预冷混凝土控制出机口温度不大于 14℃，底板、边顶拱分别浇筑 C₉₀40F150W10、C₉₀30F150W10 二级配泵送混凝土，混凝土内部最高温度设计要求不大于 45℃，冷却水为江水。

5.2.2.1　通水冷却下的常温混凝土与预冷混凝土

在通冷却水条件下，分别对左岸 1 号导流洞底板、边顶拱和 2 号导流洞底板混凝土，及右岸 4 号导流洞底板和 5 号导流洞边顶拱混凝土内部温度进行监测，左岸和右岸导流洞常温混凝土与预冷混凝土的温度检测结果统计表分别见表 5.2-6 和表 5.2-7。

由表 5.2-6 和表 5.2-7 可知，通水冷却条件下，超温的混凝土均为常温混凝土，左岸、右岸超温率分别为 20.0%~44.4%、15.4%~50.0%；预冷混凝土超温率为 0，最高温度全部满足温度控制要求；同浇筑部位预冷混凝土的平均最高温度比常温混凝土低 5.1~6.8℃，说明采用预冷混凝土可显著降低混凝土的最高温度。

表 5.2-6　通水冷却下左岸导流洞混凝土温度监测结果统计表

浇筑部位		混凝土类型	入仓温度/℃	最高温度/℃	最高温升/℃	平均最高温度/℃	超温率/%	备　注
1 号导流洞	底板	常温	23.9~28.2	39.8~48.2	18.2~26.7	43.7	44.4	常温混凝土浇筑时间为 2013 年 5—6 月，预冷混凝土浇筑时间为 2013 年 6—8 月
		预冷	14.4~18.2	33.8~43.1	16.9~25.6	37.2	0	
	边顶拱	常温	23.9~28.2	35.8~45.2	17.2~23.6	41.2	20.0	
		预冷	14.7~18.5	31.5~40.8	15.9~21.7	36.1	0	
2 号导流洞	底板	常温	23.5~28.0	39.6~48.2	21.7~27.2	44.6	42.9	
		预冷	14.5~19.1	34.0~43.3	17.0~25.8	37.8	0	

表 5.2-7　通水冷却下右岸导流洞混凝土温度检测结果统计表

浇筑部位		混凝土类型	入仓温度/℃	最高温度/℃	平均最高温度/℃	超温率/%	备　注
4 号导流洞	底板	常温	21.9~26.2	39.8~49.5	44.5	50.0	浇筑时间均为2014 年 4 月
		预冷	17.0~18.3	35.6~43.3	38.2	0	
5 号导流洞	边顶拱	常温	23.5~29.5	33.6~51.0	42.1	15.4	
		预冷	16.8~18.2	33.6~41.3	36.5	0	

5.2.2.2　通水与未通水冷却下的预冷混凝土

分别在通水与未通水冷却条件下，对 1 号、4 号导流洞边顶拱预冷混凝土内部温度进行监测，统计结果见表 5.2-8；未通水与通水冷却条件下典型的导流洞预冷混凝土内部温度曲线见图 5.2-1 和图 5.2-2。

表 5.2-8　通水与未通水冷却条件下预冷混凝土内部温度监测结果统计表

浇筑部位	通水情况	入仓温度/℃	最高温度/℃	最高温升/℃	平均最高温度/℃	超温率/%	备　注
1 号导流洞边顶拱	通水	14.7~18.5	31.5~40.8	15.9~21.7	36.1	0	浇筑时间为2013 年 6—8 月
	未通水	14.5~18.8	36.4~42.2	17.3~23.8	38.6	0	
4 号导流洞边顶拱	通水	14.8~18.4	33.6~41.5	16.0~22.9	37.6	0	浇筑时间为2014 年 4 月
	未通水	14.6~18.3	35.8~43.0	17.5~24.0	39.6	0	

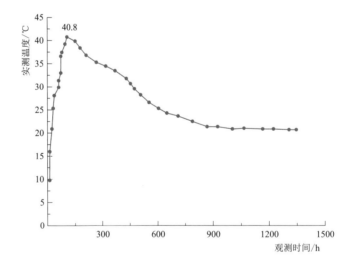

图 5.2-1　未通水冷却条件下导流洞预冷混凝土内部温度曲线
（4 号导流洞 T14 边坡）

由表 5.2-8 和图 5.2-1、图 5.2-2 可知，在通水冷却条件下，同浇筑部位混凝土的平均最高温度相比未通水时降低了 2.0~2.5℃，降低幅度明显低于采用预冷混凝土；取消通水冷却后，1 号、4 号导流洞混凝土最高温度分别为 36.4~42.2℃、35.8~43.0℃，均未

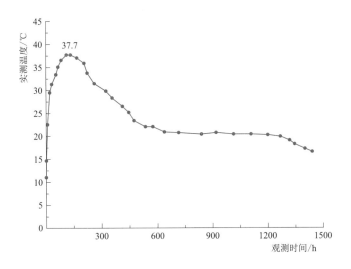

图 5.2-2　通水冷却条件下导流洞预冷混凝土内部温度曲线
（4 号导流洞 T5 边顶拱）

超过设计允许的最高温度 45℃。这表明，在使用预冷低热水泥混凝土浇筑导流洞衬砌时，采用预冷混凝土措施的温控效果明显好于通水冷却措施，此时无需通水冷却即可满足混凝土温控要求。

综上所述，为有效控制混凝土内部温度，在使用低热水泥混凝土浇筑导流洞衬砌时，温度控制措施仍不能全部取消；与通水冷却相比，预冷混凝土对降低混凝土最高温度效果更明显，更有利于低热水泥混凝土早期温控防裂；采用预冷混凝土浇筑导流洞衬砌混凝土时，可取消通水冷却。

5.3　大坝工程

大坝为 300m 级混凝土特高双曲拱坝，坝顶高程 834m，最大坝高 289m，拱冠梁底厚 63.5m，坝顶宽度 14m，最大拱端厚度 83.91m，坝顶中心线弧长 709m，厚高比 0.22，弧高比 2.45。坝身设 6 个表孔和 7 个深孔、坝后设水垫塘与二道坝等泄洪消能设施。大坝划分为 31 个坝段，混凝土浇筑总量约 803 万 m³。2017 年 4 月 12 日大坝首仓混凝土开始浇筑，2021 年 5 月 31 日大坝全线浇筑到顶。

5.3.1　混凝土性能

5.3.1.1　混凝土拌和物性能

1. 坍落度

大坝混凝土出机口坍落度共检测 30589 次，其检测结果统计见表 5.3-1。由表 5.3-1 可知，按设计要求进行评定，总体符合率 99.4%，满足企业标准"坍落度符合率大于 85%"的控制要求；入仓混凝土坍落度合格率 100.0%。

117

表 5.3-1　大坝混凝土出机口坍落度检测结果统计表

序号	设计要求/mm	检测次数	最大值/mm	最小值/mm	平均值/mm	符合率/%	合格率/%
1	30~50	20741	64	20	44	99.6	100.0
2	40~60	3752	65	27	52	99.7	100.0
3	50~70	3663	80	35	62	98.6	100.0
4	70~90	2433	100	51	84	98.9	100.0
合　计		30589	—			99.4	100.0

2. 含气量

大坝混凝土出机口含气量共检测 30519 次，其检测结果统计见表 5.3-2。由表 5.3-2 可知，按设计要求进行评定，总体符合率 99.3%，满足企业标准"含气量符合率大于 85%"的控制要求；入仓混凝土含气量合格率 100.0%。

表 5.3-2　大坝混凝土出机口含气量检测结果统计表

序号	设计要求/%	检测次数	最大值/%	最小值/%	平均值/%	符合率/%	合格率/%
1	3.5~4.5	354	5.0	3.4	4.0	97.8	100.0
2	4.5~5.5	30165	6.5	3.0	5.0	99.3	100.0
合　计		30519	—			99.3	100.0

3. 温度

大坝混凝土出机口温度共检测 46087 次，其检测结果统计见表 5.3-3。由表 5.3-3 可知，按设计要求进行评定，总体符合率 99.4%，满足企业标准混凝土出机口温度符合率的控制要求；入仓混凝土出机口温度合格率 100.0%。

表 5.3-3　大坝混凝土出机口温度检测结果统计表

序号	设计要求/℃	检测次数	最大值/℃	最小值/℃	平均值/℃	符合率/%	合格率/%
1	≤7	31566	8.0	2.8	6.4	99.2	100.0
2	≤9	4247	9.5	5.0	8.2	99.9	100.0
3	≤11	9723	13.7	6.2	10.5	99.9	100.0
4	≤14	551	15.4	2.8	7.5	98.6	100.0
合　计		46087	—			99.4	100.0

5.3.1.2　混凝土抗压强度

大坝混凝土抗压强度共检测 44306 组，包括 $C_{180}30F_{90}250W_{90}13$ 混凝土 6727 组、$C_{180}35F_{90}300W_{90}14$ 混凝土 14686 组、$C_{180}40F_{90}300W_{90}15$ 混凝土 21083 组、$C_{90}40F300W15$ 混凝土 1810 组。大坝混凝土抗压强度检测结果统计见表 5.3-4。由表 5.3-4 可知，各强度等级混凝土设计龄期抗压强度均满足设计要求，且富余度较大。

表 5.3-4 大坝混凝土抗压强度检测结果统计表

强度等级	级配	龄期/d	组数	最大值/MPa	最小值/MPa	平均值/MPa	不低于设计强度的百分率/%
$C_{180}30$	二	7	7	20.6	12.8	17.5	—
		28	38	37.1	28.5	33.2	—
		90	4	55.7	41.8	49.3	—
		180	24	53.1	40.6	46.4	100.0
	三	7	274	19.9	13.7	16.6	—
		28	1072	34.1	26.1	30.9	—
		90	83	52.5	39.7	45.2	—
		180	846	55.9	43.7	49.0	100.0
		365	32	60.2	48.1	53.7	—
	四	7	471	19.4	9.6	15.0	—
		28	1995	33.1	23.7	29.2	—
		90	238	49.6	35.2	42.5	—
		180	1539	54.5	42.2	47.3	100.0
		365	104	59.6	44.6	52.6	—
$C_{180}35$	二	7	56	21.5	14.0	18.1	—
		28	195	37.0	29.6	32.6	—
		90	31	51.3	37.7	46.6	—
		180	145	57.2	44.2	50.7	100.0
		365	5	65.2	50.3	57.9	—
	三	7	379	22.1	15.0	18.1	—
		28	1842	37.1	27.9	32.4	—
		90	167	51.7	37.3	46.6	—
		180	1350	57.4	42.8	50.3	100.0
		365	66	62.0	49.7	55.7	—
	四	7	1214	19.3	10.2	16.1	—
		28	4835	35.9	27.6	30.7	—
		90	635	49.1	36.9	44.3	—
		180	3454	53.7	39.6	48.9	100.0
		365	312	60.5	48.3	53.2	—
$C_{180}40$	二	7	192	21.3	13.3	16.5	—
		28	635	35.2	26.2	31.8	—
		90	100	48.8	36.8	44.1	—
		180	446	56.5	42.6	51.9	100.0
		365	16	60.6	46.2	55.3	—

强度等级	级配	龄期/d	组数	最大值/MPa	最小值/MPa	平均值/MPa	不低于设计强度的百分率/%
C₁₈₀40	三	7	717	23.5	15.6	19.8	—
		28	2738	40.7	32.7	35.6	—
		90	326	53.0	39.0	48.0	—
		180	1945	61.2	48.0	53.7	100.0
		365	125	63.0	50.3	57.3	—
	四	7	1569	23.3	16.3	18.1	—
		28	6314	37.3	27.5	33.1	—
		90	1016	51.0	38.9	45.6	—
		180	4454	57.9	43.9	51.9	100.0
		365	490	61.9	49.6	55.3	—
C₉₀40	二	7	184	28.5	20.6	24.8	—
		28	661	43.6	35.0	40.2	—
		90	385	59.5	46.2	53.5	100.0
		180	51	62.9	49.5	56.2	—
		365	6	63.5	60.4	62.4	—
	三	7	78	30.4	22.2	25.5	—
		28	258	45.1	35.3	40.8	—
		90	158	59.2	44.4	53.4	100.0
		180	26	62.1	48.4	55.1	—
		365	3	64.2	59.0	61.3	—

5.3.1.3 混凝土全性能

大坝混凝土全性能试验共检测70组，其检测结果统计见表5.3-5。由表5.3-5可知，各强度等级混凝土设计龄期抗压强度、极限拉伸值、抗冻等级、抗渗等级均满足设计要求。180d轴向抗拉强度平均值大于3.99MPa、极限拉伸值平均值大于116×10^{-6}、抗压弹性模量平均值大于43.2GPa。

表5.3-5 大坝混凝土全性能试验检测结果统计表

设计要求	项目	抗压强度/MPa			轴向抗拉强度/MPa			极限拉伸值（$\times10^{-6}$）			抗压弹性模量/GPa			抗冻等级	抗渗等级
		28d	90d	180d	28d	90d	180d	28d	90d	180d	28d	90d	180d		
C₁₈₀30F₉₀250W₉₀13 $\varepsilon_p \geqslant 95\times10^{-6}$	组数	9	9	9	9	9	9	9	9	9	9	9	9	9	9
	最大值	36.3	51.5	55.7	3.41	4.28	4.26	103	125	123	43.1	45.8	48.3	>F₉₀250	>W₉₀13
	最小值	26.3	40.9	46.2	2.55	3.25	3.63	70	93	105	24.4	33.1	40.1		
	平均值	32.0	44.1	50.8	2.83	3.68	3.99	94	110	116	35.0	39.8	43.2		

设计要求	项目	抗压强度/MPa			轴向抗拉强度/MPa			极限拉伸值（×10⁻⁶）			抗压弹性模量/GPa			抗冻等级	抗渗等级
		28d	90d	180d	28d	90d	180d	28d	90d	180d	28d	90d	180d		
$C_{180}35F_{90}300W_{90}14$　$\varepsilon_p \geqslant 100\times10^{-6}$	组数	27	27	27	27	27	27	27	27	27	27	27	27	27	27
	最大值	36.9	51.7	57.3	3.70	4.34	4.59	109	124	128	42.5	47.5	49.6	$>F_{90}300$	$>W_{90}14$
	最小值	27.7	38.7	44.7	2.34	3.15	3.61	75	91	104	29.0	34.0	40.2		
	平均值	32.4	46.2	51.3	2.89	3.71	4.10	88	108	117	34.6	40.2	44.2		
$C_{180}40F_{90}300W_{90}15$　$\varepsilon_p \geqslant 105\times10^{-6}$	组数	34	34	34	34	34	34	34	34	34	34	34	34	34	34
	最大值	40.3	52.9	58.7	3.26	4.43	4.76	102	128	134	43.5	47.8	49.4	$>F_{90}300$	$>W_{90}15$
	最小值	26.7	37.2	43.6	2.64	3.37	3.70	78	93	108	28.0	34.8	40.5		
	平均值	32.9	45.8	51.7	2.97	3.86	4.12	90	107	119	34.5	40.7	44.2		

5.3.1.4　混凝土变形性能

1. 混凝土干缩

对同强度等级大坝四级配混凝土同龄期干缩率取平均值，计算得到不同强度等级混凝土干缩过程曲线见图 5.3-1。由图 5.3-1 可知，白鹤滩水电站大坝四级配低热水泥混凝土干缩率较小，在 180d 龄期后基本趋于稳定，360d 龄期干缩率介于（247~265）×10⁻⁶；混凝土设计强度等级越高，干缩率越大，但差别并不明显。

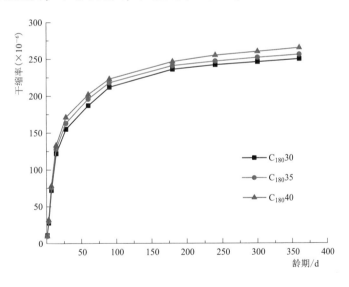

图 5.3-1　不同强度等级混凝土干缩过程曲线

统计分析了 $C_{180}40F_{90}300W_{90}15$ 二级配、三级配、四级配低热水泥混凝土的干缩率，得到不同级配混凝土干缩过程曲线见图 5.3-2。由图 5.3-2 可知，因坍落度、单位用水量存在差异，不同级配低热水泥混凝土 360d 龄期的干缩率介于（265~297）×10⁻⁶，由大到小依次为二级配混凝土、三级配混凝土、四级配混凝土。

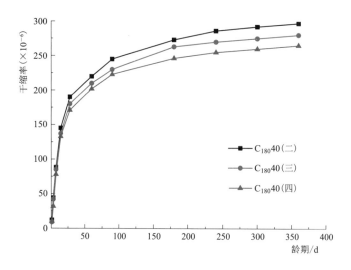

图 5.3 2 不同级配混凝土干缩过程曲线

2. 混凝土自生体积变形

对同强度等级大坝混凝土同龄期自生体积变形取算术平均值，混凝土自生体积变形过程曲线见图 5.3-3。由图 5.3-3 可知，自生体积变形的总体规律表现为先收缩，达到一定龄期后进入膨胀阶段。混凝土强度等级越高，在相同龄期时最大收缩变形值越大，进入膨胀阶段龄期越晚，如 $C_{180}40F_{90}300W_{90}15$、$C_{180}35F_{90}300W_{90}14$、$C_{180}30F_{90}250W_{90}13$ 混凝土的最大收缩值分别为 -17.9×10^{-6}、-10.8×10^{-6}、-8.5×10^{-6}，分别在 360d、290d、180d 龄期左右发展为膨胀变形。

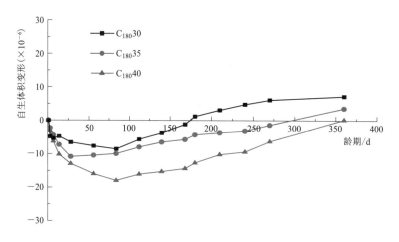

图 5.3 3 混凝土自生体积变形过程曲线

5.3.1.5 混凝土绝热温升

从混凝土生产系统取样预冷混凝土开展绝热温升试验，得到 $C_{180}30$、$C_{180}35$、$C_{180}40$ 四级配低热水泥混凝土绝热温升发展曲线，见图 5.3-4。低热水泥混凝土绝热温升值与龄期的拟合关系见表 5.3-6。由图 5.3-4 和表 5.3-6 可知，因胶凝材料用量增加，混凝土绝热温升值随强度等级提高而增大，$C_{180}40$ 混凝土 28d 龄期绝热温升值比 $C_{180}30$ 混凝土高 2.8℃，根据拟合结果最终绝热温升值高 3.3℃。

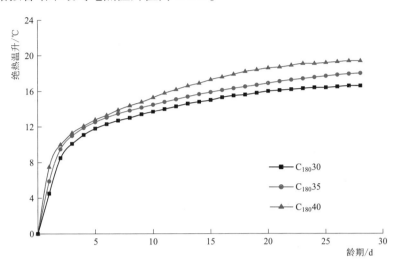

图 5.3-4　低热水泥混凝土绝热温升发展曲线

表 5.3-6　低热水泥混凝土绝热温升值（T）与龄期（t）的拟合关系

强度等级	级配	水胶比	胶凝材料用量/（kg/m³）	初始温度/℃	28d 绝热温升/℃	最终绝热温升/℃	拟合公式	决定系数 R^2
$C_{180}30$	四	0.50	166	12.0	16.6	18.0	$T=(18.0t+0.31)/(t+2.72)$	0.986
$C_{180}35$	四	0.46	178	13.7	18.0	19.0	$T=(19.0t+1.32)/(t+2.65)$	0.970
$C_{180}40$	四	0.42	193	15.0	19.4	21.3	$T=(21.3t+4.84)/(t+3.59)$	0.984

5.3.1.6　混凝土芯样性能

2023 年 4 月，在大坝上成功取出长达 36.74m 的常态混凝土芯样，共穿过 13 个浇筑单元、12 层水平施工缝面、73 个浇筑坯层、25 层冷却水管。打破了白鹤滩水电站大坝 2019 年 4 月和 2022 年 10 月分别创造的 25.73m 和 34.86m 的常态混凝土芯样世界纪录。从外观上看，所取混凝土芯样完整光滑、质地密实、骨料分布均匀、层间结合良好。大坝混凝土芯样及外观效果见图 5.3-5。

依据《水工混凝土试验规程》（DL/T 5150—2017）对大坝混凝土芯样进行检测，抗压强度试件尺寸为 $\phi200\text{mm}\times200\text{mm}$，抗压弹性模量试件尺寸为 $\phi150\text{mm}\times300\text{mm}$，抗渗性试件尺寸为 $\phi150\text{mm}\times150\text{mm}$。以半年时间为间隔对不同龄期混凝土芯样性能检测结果进行统计，统计结果见表 5.3-7。

（a）芯样图

（b）芯样外观

图 5.3 5　大坝混凝土芯样及外观效果

表 5.3 7　混凝土芯样性能检测结果统计表

设计要求	龄期	检测项目	检测数/组	最大值	最小值	平均值
$C_{180}30F_{90}250$ $W_{90}13$	365～540d （1～1.5 年）	抗压强度/MPa	24	59.2	41.4	48.8
		抗压弹性模量/GPa	2	48.4	47.1	47.8
		抗渗等级	2	—	—	>W13
$C_{180}35F_{90}300$ $W_{90}14$	365～540d （1～1.5 年）	抗压强度/MPa	43	66.1	43.9	53.7
		抗压弹性模量/GPa	2	47.8	46.7	47.3
		抗渗等级	5	—	—	>W14
	540～730d （1.5～2 年）	抗压强度/MPa	16	63.1	44.5	55.3
		抗压弹性模量/GPa	2	49.3	42.6	46.0
		抗渗等级	1	—	—	>W14
	730～912d （2～2.5 年）	抗压强度/MPa	3	57.5	53.6	56.0
$C_{180}40F_{90}300$ $W_{90}15$	180～365d （0.5～1 年）	抗压强度/MPa	12	60.4	46.7	54.4
	365～540d （1～1.5 年）	抗压强度/MPa	28	77.5	46.6	56.0
		抗压弹性模量/GPa	5	49.3	41.9	45.1
	540～730d （1.5～2 年）	抗压强度/MPa	17	62.7	46.4	56.6
		抗渗等级	2	—	—	>W15
	730～912d （2～2.5 年）	抗压强度/MPa	19	68.3	45.9	57.8

由表 5.3-7 可知，各强度等级大坝混凝土芯样 1 年龄期后抗压强度平均值在 48.8MPa 以上，均超过设计强度要求，但与标准养护条件下相比，同强度等级混凝土芯样的强度普遍低于同龄期的标准养护试件，从数值上看，芯样 1~1.5 年龄的抗压强度与标准养护条件下 180d 龄期的抗压强度相当；1 年龄期后混凝土抗压强度随龄期增长有增大趋势，但增长幅度不大，以 $C_{180}40F_{90}300W_{90}15$ 混凝土为例，0.5~1 年、1~1.5 年、1.5~2 年和 2~2.5 年龄期抗压强度平均值分别为 54.4MPa、56.0MPa、56.6MPa 和 57.8MPa。芯样抗压强度试验结果的波动可能与试件尺寸、骨料级配、振捣方式、芯样钻取和加工扰动等因素有关。

5.3.2　混凝土施工

白鹤滩水电站大坝全坝浇筑低热水泥混凝土。布置双平台 7 台平移式缆机群，单台缆机吊重 30t；混凝土由高线、低线两座混凝土生产系统生产，由自卸汽车从出机口运输至料罐，再由缆机吊运料罐至混凝土浇筑仓面；采用 3m 升层平铺法浇筑，按 1.5m×1.5m（竖向×水平）布置冷却水管，根据温控阶段分别采用 8~10℃、14~16℃两种水温通水控温。本节重点介绍大坝低热水泥混凝土在冲毛、拆模和温度控制方面的特点与做法，其他施工工艺同中热水泥混凝土施工，不再赘述。

5.3.2.1　冲毛

一般情况下，混凝土抗压强度达到 2.5MPa 时，开始水平施工缝面冲毛。冲毛时机应结合不同季节混凝土强度发展情况，通过现场试验确定。高温季节冲毛时间一般为 26~28h，低温季节冲毛时间一般为 30~32h，冲毛水压力为 35MPa，冲毛枪倾角一般为 70~75°，冲毛枪头至混凝土施工缝面的距离为 5~7cm。大坝仓面混凝土冲毛及效果见图 5.3-6。

与类似工程大坝中热水泥混凝土冲毛水压力 40MPa、冲毛时间 24h 相比，低热水泥混凝土冲毛时间在高温季节延后 2~4h、低温季节延后 6~8h。

5.3.2.2　拆模

白鹤滩水电站工程坝址区为大风干热气候，常年有 240d 以上出现 7 级以上大风天气，最大风级可达 12 级。大坝混凝土浇筑使用尺寸为 3.0m× 3.3m 的液压自爬升大型悬臂钢模板，为了满足混凝土浇筑时的侧压力等施工荷载要求，需复核大风条件下的模板安全，经计算，拆模时混凝土强度需不低于 10MPa。

大坝低热水泥混凝土初凝时间一般为 10~16h，终凝时间为 13~20h，拆模时间应通过同环境养护条件下混凝土早期强度试验确定。同环境养护条件下大坝低热水泥混凝土早期抗压强度试验结果见表 5.3-8。由表 5.3-8 可知，同强度等级大坝低热水泥混凝土在冬季的早期强度比夏季低

图 5.3-6　大坝仓面混凝土冲毛及效果

2~5MPa，根据"不低于10MPa"的拆模强度要求，大坝低热水泥混凝土夏季施工约2d可拆模，冬季施工约4d可拆模。拆模过程中应注重平行退模，加强混凝土边角保护。

表5.3-8　同环境养护条件下大坝低热水泥混凝土早期抗压强度试验结果

混凝土强度等级	季节	抗压强度/MPa						
		1d	2d	3d	4d	5d	6d	7d
$C_{180}40$（四）	冬季	5.4	9.1	11.0	12.6	14.4	15.6	16.5
$C_{180}40$（四）	夏季	—	10.8	13.3	15.8	16.4	17.8	19.9
$C_{180}35$（四）	冬季	—	6.0	9.5	11.4	13.3	14.8	16.5
$C_{180}35$（四）	夏季	—	10.7	13.1	14.9	15.4	17.8	18.5

类似工程大坝使用大型悬臂钢模板，尺寸为3.0m×3.3m，按规范要求混凝土拆模强度不低于2.5MPa，夏季20~24h可拆模，冬季28~32h可拆模。

与中热水泥混凝土相比，低热水泥混凝土对大坝混凝土的冲毛和拆模时间影响均不明显，均可控制在合理的备仓时间内，对大坝整体施工进度无影响。

大坝工程各部位混凝土浇筑效果见图5.3-7。

（a）横缝面

（b）廊道

（c）上游面

（d）深孔启闭机房

图5.3-7　大坝工程各部位混凝土浇筑效果

5.3.3 混凝土温度控制

5.3.3.1 温度控制标准

1. 出机口温度与浇筑温度

根据白鹤滩水电站大坝施工环境，分为低温季节（11月至次年2月）和高温季节（3—10月）。出机口至仓面浇筑混凝土温度控制标准见表5.3-9。由于低热水泥混凝土早期水化温升较低，为避免低温季节早期强度过低影响拆模时间，可根据气温调整出机口温度，在极端低温季节（12月至次年1月）或寒潮来临时，混凝土可常温入仓。

表5.3-9 出机口至仓面浇筑混凝土温度控制标准　　　　　　单位：℃

月　　份	3—10月	11月至次年2月
出机口温度 T_0	≤7	≤11（可据低气温调整）
混凝土入仓温度 T_1	≤9	≤12
混凝土浇筑温度 T_2	≤12	≤15
混凝土浇筑温度回升 T_3	≤5	≤4

类似工程大坝中热水泥混凝土出机口温度全年按不大于7℃控制，白鹤滩水电站大坝混凝土与类似工程大坝混凝土高温季节出机口温度、入仓温度和浇筑温度的控制要求基本一致，但低温季节出机口温度可提高2℃以上，浇筑温度可提高3℃，极端低温季节时混凝土常温入仓。最高温度较中热水泥混凝土更为可控，富余度更大。

2. 最高温度

大坝混凝土内部最高温度按不大于27℃控制，其中基础强约束区加严控制，最高温度按不大于25℃控制。

3. 封拱温度

针对受基岩强约束的陡坡坝段、基础廊道复杂结构影响的三角区等部位，封拱温度提高1℃，以降低坝体混凝土冷却阶段的温度应力，减小开裂风险。大坝封拱温度分区见图5.3-8。

5.3.3.2 主要温度控制措施

大坝低热水泥混凝土主要的温度控制措施为控制出机口温度、入仓温度、浇筑温度，布置冷却水管，全面采用智能通水，实施时空联控。大坝混凝土温度时空联控依据"三期九阶段"理论曲线进行控制，见图5.3-9。

1. 出机口温度控制

大坝低热水泥混凝土采用预冷骨料、加冰、加制冷水拌制，以控制混凝土出机口温度。

水垫塘与二道坝、地下厂房、泄洪洞等工程部位混凝土出机口温度控制措施与大坝混凝土基本相同。

2. 运输过程温度控制

大坝混凝土水平运输采用全封闭保温自卸汽车。该车由自卸汽车进行改造，加装自动

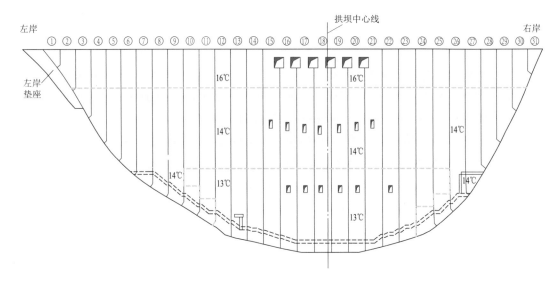

图 5.3-8　大坝封拱温度分区图

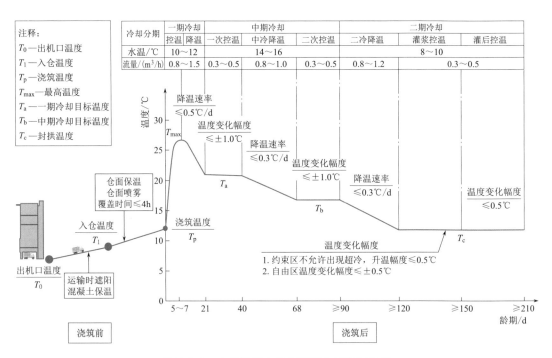

图 5.3-9　大坝混凝土温度控制全过程示意图

折叠侧开式顶盖，车厢顶盖内侧粘贴 3cm 厚橡塑保温材料，车厢侧面加装保温材料。全封闭保温自卸汽车见图 5.3-10。

3. 冷却水管布置

大坝低热水泥混凝土冷却水管布置间距，一般为 1.5m×1.5m（竖向×水平），其中基础强约束区、钢衬底部自密实混凝土、牛腿钢筋密集区二级配混凝土等水泥用量较高的部位，采用 1.5m×1.0m 或 1.0m×1.0m（竖向×水平）加密布置。

<table>
<tr><td>（a）顶盖展开图</td><td>（b）顶盖关闭图</td></tr>
</table>

图 5.3−10　全封闭保温自卸汽车

类似工程大坝中热水泥混凝土冷却水管布置间距，基本与低热水泥混凝土相似，但高温季节通常采用 1.5m×1.0m 或 1.0m×1.0m（竖向×水平）加密布置。

4. 坝体通水冷却

大坝低热水泥混凝土浇筑后，按一期冷却、中期冷却、二期冷却的"三期九阶段"方式进行坝体温度时空联控。各温度控制阶段混凝土龄期基本要求为：中冷降温龄期不小于 40d、二冷降温龄期不小于 90d、接缝灌浆龄期不小于 120d。

5. 混凝土保湿与养护

大坝低热水泥混凝土早期抗拉强度偏低，坝址区处干热河谷地带，常年有 240d 以上出现 7 级以上大风天气，混凝土表面易失水干缩产生龟裂纹，需防止仓面混凝土表面早期龟裂，坝面需跟进浇筑长期保护。大体积混凝土在收仓后即开始喷雾保湿、终凝后高温季节进行流水养护，低温季节采用覆盖保温被进行保温保湿并举，直至混凝土被覆盖。廊道混凝土在拆模后采用超声波加湿器进行长龄期喷雾养护，养护时间不少于设计龄期，有条件的进行长期养护。

6. 坝体保温

（1）低温季节，水平施工缝面采用覆盖厚 4cm 保温被保温、横缝面采用厚 5cm 聚乙烯卷材保温，直至下一层混凝土浇筑；上游和下游坝面全年永久保温，上游面喷涂聚氨酯厚 3cm 或粘贴厚 5cm 聚苯乙烯挤塑板，下游面粘贴厚 3cm 聚苯乙烯挤塑板。

（2）坝体廊道端头采用标准化工装封闭，避免形成"穿堂风"。

（3）底孔、深孔、电梯井、管线井等孔（井）口部位，在混凝土浇筑过程中及流道形成后，采用挡风墙等对孔（井）口进行工装封闭保温，防止形成"穿堂风"。

（4）导流底孔或深孔闸墩等牛腿倒悬结构部位在安装预制模板前，在预制模板外表面提前粘贴厚 5cm 的聚苯乙烯挤塑板保温。

5.3.3.3　温度控制效果

1. 混凝土最高温度

大坝低热水泥混凝土内部最高温度监测结果统计见表 5.3−10。由表 5.3−10 可知，大坝低热水泥混凝土按"最高温度不大于 27℃"标准评定，符合率达 97.2%，平均富余度

2.9℃。孔口部位、基岩强约束区等部位从严控制，按"最高温度不大于 25℃标准"评定，符合率达 82.7%。超温点主要出现在水泥用量较大的基岩强约束区及孔口、廊道、闸墩等部位；$C_{180}35$、$C_{180}30$ 低热水泥混凝土最高温度符合率均为 100.0%。

表 5.3-10　大坝低热水泥混凝土内部最高温度监测结果统计表

施工部位	标准/℃	仓号数量	最高温度/℃			符合率/%
			最高值	平均值	平均富余度	
大坝	≤27	1978	31.8	24.1	2.9	97.2
	≤25	220	28.6	24.2	0.8	82.7

白鹤滩水电站大坝低热水泥混凝土与类似工程大坝中热水泥混凝土相比，一般温度控制措施基本相当，但预冷混凝土和坝体冷却水管工作量、全过程冷却通水量均减少。低热水泥混凝土最高温度平均值比类似工程大坝中热水泥混凝土低 3~5℃，最高温度控制总体上富余度更大，更容易控制。大坝强约束区，混凝土埋设冷却水管平均约为 $0.48m/m^3$，通水量平均约为 $3.3m^3/m^3$。

2. 封拱后混凝土温度回升

大坝在完成封拱灌浆后，在基岩温度、外界气温、库水温度、混凝土水化热等多种因素作用下，各区域会产生不同程度的温度回升现象，将直接影响坝体结构应力分布。白鹤滩水电站大坝低热水泥混凝土温度监测表明，封拱后 5 年内各灌区温度回升平均值为 1.6~6.9℃，温度回升较大区域主要位于基础约束区（温度回升 4.0~7.0℃）。如第一灌区为强约束区已满 5 年，混凝土强度等级为 $C_{180}40$，平均温度回升 6.9℃；第三灌区平均温度回升 6.2℃。

与类似工程大坝中热水泥混凝土相比，白鹤滩水电站大坝封拱后低热水泥混凝土同期温度回升明显减小，如大坝强约束区封拱后 5 年内混凝土内部温度回升低 2.8~3.4℃，其他部位混凝土封拱后温度回升约低 1.2℃以上。

白鹤滩水电站大坝与类似工程大坝强约束区、弱约束区封拱后混凝土温度回升曲线见图 5.3-11。

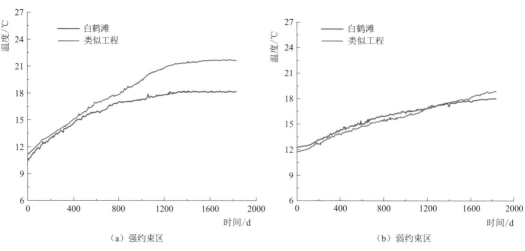

（a）强约束区　　　　（b）弱约束区

图 5.3-11　封拱后混凝土温度回升曲线

3. 裂缝普查

大坝工程累计浇筑低热水泥混凝土 803 万 m³，经裂缝普查，全坝未发现温度裂缝。

5.4　水垫塘与二道坝工程

水垫塘与二道坝工程包括水垫塘与二道坝、护坦、护岸以及下游河道防护等项目，混凝土总量为 115.7 万 m³。

水垫塘采用反拱形底板设计，两侧设有拱座及边墙，塘体长 360m、宽 130m，反拱圆弧半径 107.02m，底板弧底与拱端高差达 22m，底板混凝土厚 4m，混凝土总方量约 50 万 m³，为世界最大规模的反拱形水垫塘。塘体充水后将形成深度达 48m 的水垫，承担高水头、高流速、巨泄量的泄洪消能任务，最大泄流量可达 30000m³/s，最大泄洪功率达 60000MW。

水垫塘末端设置二道坝，二道坝为混凝土重力坝、坝顶高程 608.0m、最大坝高 67.0m、坝顶宽度 8.0m，按 3.0m 分层浇筑。

5.4.1　混凝土性能

5.4.1.1　混凝土拌和物性能

1. 坍落度/扩展度

水垫塘与二道坝混凝土出机口坍落度/扩展度共检测 8371 次，其检测结果统计见表 5.4-1。由表 5.4-1 可知，按设计要求进行评定，总体符合率 98.6%，满足企业标准"坍落度符合率大于 85%"的控制要求；入仓混凝土坍落度合格率 100.0%。

表 5.4-1　水垫塘与二道坝混凝土出机口坍落度/扩展度检测结果统计表

序号	设计要求/mm	检测次数	最大值/mm	最小值/mm	平均值/mm	符合率/%	合格率/%
1	30~50	301	55	30	41	99.3	100.0
2	50~70	2833	80	41	61	99.3	100.0
3	70~90	1366	96	56	80	99.2	100.0
4	90~110	2345	120	80	102	97.3	100.0
5	110~130	17	130	110	118	100.0	100.0
6	120~140	150	141	120	131	99.9	100.0
7	140~160	570	177	130	153	98.1	100.0
8	160~180	992	182	154	171	98.7	100.0
9	160~200	36	200	172	190	100.0	100.0
10	550~655	62	650	555	602	100.0	100.0
合　计		8371	—			98.6	100.0

2. 含气量

水垫塘与二道坝混凝土出机口含气量共检测 5840 次，其检测结果统计见表 5.4-2。由表 5.4-2 可知，按设计要求进行评定，总体符合率 98.4%，满足企业标准"含气量符合率大于 85%"的控制要求；入仓混凝土含气量合格率 100.0%。

表 5.4-2　水垫塘与二道坝混凝土出机口含气量检测结果统计表

序号	设计要求/%	检测次数	最大值/%	最小值/%	平均值/%	符合率/%	合格率/%
1	3.0~4.0	107	4.2	3.0	3.6	99.6	100.0
2	3.5~4.5	204	4.6	3.5	4.0	99.5	100.0
3	4.5~5.5	5504	6.0	3.6	5.0	98.3	100.0
4	5.0~6.0	25	5.9	5.0	6.4	100.0	100.0
合　计		5840		—		98.4	100.0

3. 温度

水垫塘与二道坝混凝土出机口温度共检测 7324 次，其检测结果统计见表 5.4-3。由表 5.4-3 可知，按设计要求进行评定，总体符合率 99.0%，满足企业标准混凝土出机口温度符合率的控制要求；入仓混凝土出机口温度合格率 100.0%。

表 5.4-3　水垫塘与二道坝混凝土出机口温度检测结果统计表

序号	设计要求/℃	检测次数	最大值/℃	最小值/℃	平均值/℃	符合率/%	合格率/%
1	≤7	642	8.0	4.0	6.6	96.4	100.0
2	≤9	473	10.0	5.3	8.4	97.5	100.0
3	≤10	490	10.9	7.2	9.2	99.6	100.0
4	≤11	83	11.0	9.4	10.6	100.0	100.0
5	≤12	79	12.0	7.9	10.2	100.0	100.0
6	≤14	5865	15.5	7.8	13.1	99.4	100.0
7	常温	334	30.0	8.5	17.6	—	—
合　计		7324		—		99.0	100.0

5.4.1.2　混凝土抗压强度

水垫塘与二道坝混凝土抗压强度共检测 10163 组，包括 $C_{90}25F100W10$ 混凝土 2005 组、$C_{90}30F150W10$ 混凝土 141 组、$C_{90}40F150W8$ 混凝土 426 组、$C_{90}50F150W10$ 混凝土 188 组、$C_{180}30F150W8$ 混凝土 2509 组、$C_{180}40F150W8$ 混凝土 4894 组，检测结果统计见表 5.4-4。由表 5.4-4 可知，各强度等级混凝土设计龄期抗压强度均满足设计要求。

表 5.4-4　水垫塘与二道坝混凝土抗压强度检测结果统计表

设计要求	级配	龄期/d	组数	最大值/MPa	最小值/MPa	平均值/MPa	不低于设计强度的百分率/%
$C_{90}25F100W10$	二	7	81	18.9	10.9	14.5	—
		28	442	31.7	24.7	28.3	—
		90	563	52.9	39.5	45.8	100.0
	三	7	55	16.2	10.1	11.8	—
		28	374	30.8	22.0	26.2	—
		90	490	50.2	37.9	42.8	100.0
$C_{90}30F150W10$	二	7	8	18.2	11.3	14.6	—
		28	78	39.3	32.9	34.6	—
		90	55	54.7	40.9	49.4	100.0
$C_{90}40F150W8$	二	7	6	31.7	24.3	26.6	—
		28	53	53.1	46.3	48.9	—
		90	64	67.1	52.8	62.5	100.0
	三	7	17	30.6	22.1	26.1	—
		28	136	49.9	42.6	45.2	—
		90	150	66.1	52.7	59.6	100.0
$C_{90}50F150W10$	二	7	2	34.1	24.8	29.4	—
		28	32	55.6	46.0	52.5	—
		90	69	69.8	55.8	65.0	100.0
	三	28	28	52.3	44.4	49.1	—
		90	57	67.7	55.9	61.4	100.0
$C_{180}30F150W8$	二	7	23	17.6	10.5	13.3	—
		28	133	30.3	20.4	26.5	—
		90	123	48.5	35.3	42.0	—
		180	318	54.0	39.4	49.1	100.0
	三	7	116	16.4	8.9	11.8	—
		28	564	29.7	21.7	25.8	—
		90	450	46.5	34.3	40.5	—
		180	782	55.6	42.9	48.4	100.0
$C_{180}40F150W8$	二	7	180	22.6	15.4	17.9	—
		28	1185	39.9	33.2	36.7	—
		90	736	59.6	45.0	53.1	—
		180	1618	64.9	52.5	60.0	100.0
	三	7	32	22.4	14.1	17.2	—
		28	341	39.8	33.2	35.8	—
		90	234	59.4	45.2	52.2	—
		180	568	63.8	50.6	59.0	100.0

5.4.1.3 混凝土全性能

水垫塘与二道坝混凝土全性能试验共检测 33 组，其中 $C_{90}25F100W8$ 混凝土 5 组、$C_{90}50F150W10$ 混凝土 4 组、$C_{180}30F100W8$ 混凝土 5 组、$C_{180}40F100W8$ 混凝土 19 组，检测结果统计见表 5.4-5。由表 5.4-5 可知，各强度等级混凝土的抗冻等级和抗渗等级均满足设计要求，设计龄期轴向抗拉强度平均值大于 3.46MPa、极限拉伸值平均值大于 105×10^{-6}、抗压弹性模量平均值大于 39.6GPa。

表 5.4-5　水垫塘与二道坝混凝土全性能试验检测结果统计表

设计要求	项目	抗压强度/MPa			轴向抗拉强度/MPa			极限拉伸值(×10⁻⁶)			抗压弹性模量/GPa			抗冻等级	抗渗等级
		28d	90d	180d	28d	90d	180d	28d	90d	180d	28d	90d	180d		
$C_{90}25F100W8$	组数	5	5	2	—	5		—	5	—	—	5	—	5	5
	最大值	31.2	52.6	58.8	—	4.26		—	134		—	42.6	—	>F100	>W8
	最小值	23.0	38.4	47.2	—	2.99		—	90		—	37.5	—		
	平均值	27.9	44.8	53.0	—	3.46		—	108		—	40.4			
$C_{90}50F150W10$	组数	4	4	3	—	4		—	4		—	4		4	4
	最大值	55.6	69.6	72.6	—	4.76		—	116		—	43.3	—	>F150	>W10
	最小值	52.9	66.6	71.0	—	4.28		—	110		—	41.9	—		
	平均值	53.9	68.4	72.0	—	4.49		—	113		—	42.8			
$C_{180}30F100W8$	组数	5	5	5	—	—	5	—	—	5	—	—	5	5	5
	最大值	30.2	48.2	55.6	—	—	4.20	—	—	115	—	—	44.9	>F100	>W8
	最小值	22.6	38.7	45.6	—	—	3.34	—	—	99	—	—	31.6		
	平均值	27.9	42.4	50.7	—	—	3.74	—	—	105	—	—	39.6		
$C_{180}40F100W8$	组数	19	19	19	2	4	19	2	4	19	2	4	19	19	19
	最大值	39.3	59.4	64.0	2.89	4.87	4.51	95	129	128	38.6	42.2	44.4	>F100	>W8
	最小值	33.3	45.4	52.7	2.18	3.22	3.66	82	100	101	30.5	37.2	40.9		
	平均值	36.6	54.9	60.8	2.54	3.89	4.06	89	107	112	34.6	39.6	42.9		

5.4.2　混凝土施工

水垫塘反拱底板厚 4.0m，一次性整体浇筑，以胎带机入仓为主。水垫塘使用"拉模浇筑+过流面收光抹面"的工艺。反拱底板表层设计为 0.6m 厚的 $C_{90}50$ 二级配抗冲磨混凝土，内层 3.4m 为 $C_{180}40$ 三级配混凝土。为提高水垫塘反拱底板混凝土拉模施工效率，同时满足防止混凝土浇筑过程中初凝和过流面抹面工艺要求，在试验研究的基础上采用了"分层调凝"的措施（见 4.2.5 节）。混凝土浇筑效果见图 5.4-1。

二道坝布置 2 套胶带机系统运送混凝土入仓，采用平铺法浇筑，单套胶带机入仓强度

70m³/h。二道坝混凝土的施工工艺与大坝混凝土相同。

图 5.4-1　水垫塘混凝土浇筑效果

5.4.3　混凝土温度控制

5.4.3.1　温度控制标准

水垫塘与二道坝混凝土控制最高温度不大于 35℃。

5.4.3.2　主要温度控制措施

1. 运输过程温度控制

混凝土运输采用自卸车和罐车。采用自卸车运输时，在车厢顶部及周围设置可移动式帆布遮阳棚及隔温被；采用罐车运输时，在罐车上加帆布覆盖隔热并对帆布喷水散热与保湿。

地下厂房、泄洪洞工程的混凝土运输保温措施和水垫塘与二道坝工程相同。

2. 通水冷却

水垫塘与二道坝混凝土通水冷却降温过程和大坝混凝土一期冷却过程基本相同。一期主要控制最高温度不超标，高温季节（3—10 月）降温至目标温度 24℃，低温季节（11 月至次年 2 月）降温至目标温度 22℃，降温速率按不大于 0.5℃/d 控制，降温时间不少于 21d，总通水时间不少于 28d。

3. 混凝土保湿与养护

水垫塘混凝土过流面抹面收光后，采用"水分蒸发抑制剂+薄膜"进行保湿，待混凝土全部终凝后采用流水养护；二道坝混凝土保湿与养护方式与大坝混凝土相同。

4. 混凝土保温

水垫塘过流面混凝土终凝后，铺设保温被保温，冬季来临前外观验收后在表面喷 2cm 厚聚氨酯进行保温；二道坝混凝土保温措施与大坝混凝土相同。

5.4.3.3　温度控制效果

1. 混凝土最高温度

水垫塘与二道坝混凝土内部最高温度总体控制较好，监测结果见表 5.4-6。

表 5.4-6　水垫塘与二道坝混凝土内部最高温度监测结果统计表

部位	仓次	最高点温度/℃	最高温度平均值/℃	允许最高温度/℃	平均富余度/℃	测点分析		仓次分析	
						符合/点	符合率/%	符合/仓	符合率/%
水垫塘	939	36.8	31.1	35	3.9	1160	89.3	848	90.3
二道坝	146	37.5	31.5	35	3.5	207	78.1	104	71.2

2. 裂缝普查

水垫塘与二道坝使用低热水泥混凝土，经裂缝普查，未发现温度裂缝。

5.5 地下厂房工程

地下厂房工程分别布置在左、右岸山体内，主要由引水系统、地下厂房洞室群和尾水系统等组成。引水系统包括进水口、压力管道。左、右岸进水口各由 8 个进水塔一字排开，单个塔体宽度 33.2m，进水口前缘总宽度为 265.6m；压力管道采用单机单管竖井式布置，单条压力管道总长 385.95~518.36m。地下厂房洞室群包括主副厂房、母线洞、主变洞和出线洞等建筑物，左、右岸主副厂房各安装 8 台单机容量为 100 万 kW 的水轮发电机组。尾水系统包括尾水连接管、尾水管检修闸门室、尾水调压室、尾水隧洞、尾水隧洞检修闸门室、尾水出口等。左、右岸各 4 条尾水隧洞中，每 2 台机组共用一条尾水隧洞，左岸有 3 条与导流隧洞相结合，右岸有 2 条与导流隧洞相结合。

5.5.1 混凝土性能

5.5.1.1 混凝土拌和物性能

1. 坍落度/扩展度

地下厂房混凝土出机口坍落度/扩展度共检测 27195 次，其检测结果统计见表 5.5-1。由表 5.5-1 可知，按设计要求进行评定，总体符合率 98.5%，满足企业标准"坍落度符合率大于 85%"的控制要求；入仓混凝土坍落度合格率 100.0%。

表 5.5-1 地下厂房混凝土出机口坍落度/扩展度检测结果统计表

序号	设计要求 /mm	检测次数	最大值 /mm	最小值 /mm	平均值 /mm	符合率 /%	合格率 /%
1	50~70	26	70	55	60	100.0	100.0
2	70~90	2626	100	62	80	98.3	100.0
3	90~110	256	120	89	104	98.5	100.0
4	110~130	209	140	110	121	98.6	100.0
5	120~140	96	140	120	131	100.0	100.0
6	140~160	17658	180	120	152	98.5	100.0
7	160~180	4605	195	140	171	98.2	100.0
8	160~200	29	200	165	185	100.0	100.0
9	550~655	1666	655	550	608	100.0	100.0
10	600~700	24	680	610	642	100.0	100.0
合　计		27195	—			98.5	100.0

2. 含气量

地下厂房混凝土出机口含气量共检测 30387 次，其检测结果统计见表 5.5-2。由表 5.5-2 可知，按设计要求进行评定，总体符合率 98.5%，满足企业标准"含气量符合率大于 85%"的控制要求；入仓混凝土含气量合格率 100.0%。

表 5.5-2 地下厂房混凝土含气量检测结果统计表

序号	设计要求 /%	检测次数	最大值 /%	最小值 /%	平均值 /%	符合率 /%	合格率 /%
1	3.0~4.0	1401	4.3	2.8	3.6	99.4	100.0
2	3.5~4.5	4550	5.3	3.3	4.0	98.7	100.0
3	4.5~5.5	24436	5.9	3.6	5.0	98.4	100.0
合 计		30387	—			98.5	100.0

3. 温度

地下厂房混凝土出机口温度共检测 26903 次，其检测结果统计见表 5.5-3。由表 5.5-3 可知，按设计要求进行评定，总体符合率 99.3%，满足企业标准混凝土出机口温度符合率的控制要求；入仓混凝土出机口温度合格率 100.0%。

表 5.5-3 地下厂房混凝土出机口温度检测结果统计表

序号	设计要求 /℃	检测次数	最大值 /℃	最小值 /℃	平均值 /℃	符合率 /%	合格率 /%
1	≤14	23210	16.0	4.8	13.2	99.3	100.0
2	常温	3693	35.1	10.0	18.2	—	—
合 计		26903	—			99.3	100.0

5.5.1.2 混凝土抗压强度

地下厂房混凝土抗压强度共检测 44048 组，包括 C25F100W10 混凝土 2828 组、C30F100W10 混凝土 9916 组、C40F100W10 混凝土 861 组、$C_{90}20F100W8$ 混凝土 2042 组、$C_{90}25F100W10$ 混凝土 468 组、$C_{90}30F150W10$ 混凝土 27123 组、$C_{90}40F150W10$ 混凝土 810 组，检测结果统计见表 5.5-4。由表 5.5-4 可知，各强度等级混凝土设计龄期抗压强度均满足设计要求。

表 5.5-4 地下厂房混凝土抗压强度统计表

设计要求	级配	龄期 /d	组数	最大值 /MPa	最小值 /MPa	平均值 /MPa	不低于设计强度的 百分率/%
C25F100W10	一	28	535	44.1	38.1	39.8	100.0
	二	28	2293	41.0	32.1	37.7	100.0
C30F100W10	一	28	2468	49.8	42.8	46.1	100.0
	二	28	7448	47.1	39.5	44.2	100.0
C40F100W10	一	28	724	60.8	54.2	56.6	100.0
	二	28	137	57.0	49.4	52.6	100.0
$C_{90}20F100W8$	一	28	203	38.0	31.1	32.8	—
	一	90	206	53.5	41.3	46.2	100.0
	二	28	614	30.2	21.1	27.1	—
	二	90	1019	44.4	30.8	38.7	100.0

设计要求	级配	龄期/d	组数	最大值/MPa	最小值/MPa	平均值/MPa	不低于设计强度的百分率/%
C₉₀25F100W10	一	28	14	37.9	31.0	34.6	—
	一	90	18	50.1	36.1	45.2	100.0
	二	28	140	30.7	23.1	27.6	—
	二	90	296	50.9	37.2	43.8	100.0
C₉₀30F150W10	一	28	1093	41.6	35.4	37.6	—
	一	90	1880	61.7	47.5	57.1	100.0
	二	28	7131	34.4	25.5	31.0	—
	二	90	16971	55.3	42.7	49.0	100.0
	三	28	21	32.8	24.2	28.6	—
	三	90	27	54.5	42.0	47.8	100.0
C₉₀40F150W10	二	28	190	43.4	35.7	38.5	—
	二	90	620	60.4	48.3	54.7	100.0

5.5.1.3 混凝土全性能

地下厂房混凝土全性能试验共检测 107 组，其中 C25F100W10 混凝土 2 组、C30F100W10 混凝土 26 组、C₉₀20F100W10 混凝土 3 组、C₉₀25F100W10 混凝土 5 组、C₉₀30F150W10 混凝土 69 组、C₉₀40F150W10 混凝土 2 组，混凝土全性能试验检测结果统计见表 5.5-5。由表 5.5-5 可知，各强度等级混凝土抗冻等级和抗渗等级均满足设计要求，设计龄期轴向抗拉强度平均值大于 3.73MPa、极限拉伸值平均值大于 110×10^{-6}、抗压弹性模量平均值大于 32.6GPa。

表 5.5-5　地下厂房混凝土全性能试验检测结果统计表

设计要求	项目	抗压强度/MPa		轴向抗拉强度/MPa		极限拉伸值（$\times10^{-6}$）		抗压弹性模量/GPa		抗冻等级	抗渗等级
		28d	90d	28d	90d	28d	90d	28d	90d		
C25F100W10	组数	2	2	1	1	1	1	1	1	2	2
	最大值	41.5	59.1	—	—	—	—	—	—	>F100	>W10
	最小值	36.2	45.7	—	—	—	—	—	—		
	平均值	38.9	52.4	3.96	5.78	110	115	32.6	37.0		
C30F100W10	组数	26	4	23	—	26	—	23	—	26	26
	最大值	49.8	58.4	4.29	—	130	—	40.4	—	>F100	>W10
	最小值	39.5	54.4	3.56	—	88	—	33.2	—		
	平均值	44.4	57.2	3.82	—	111	—	37.7	—		

设计要求	项目	抗压强度 /MPa		轴向抗拉强度 /MPa		极限拉伸值 （×10⁻⁶）		抗压弹性模量 /GPa		抗冻 等级	抗渗 等级
		28d	90d	28d	90d	28d	90d	28d	90d		
C₉₀20F100W10	组数	3	3	—	2	—	3	—	3	3	3
	最大值	31.1	48.5	—	3.77	—	119	—	37.0	>F100	>W10
	最小值	24.9	37.2	—	3.68	—	98	—	34.6		
	平均值	27.3	42.6	—	3.73	—	112	—	35.5		
C₉₀25F100W10	组数	5	5	—	4	—	5	—	5	5	5
	最大值	28.7	45.7	—	4.39	—	120	—	39.9	>F100	>W10
	最小值	23.5	36.5	—	3.75	—	98	—	34.2		
	平均值	26.9	40.4	—	4.07	—	112	—	36.1		
C₉₀30F150W10	组数	65	69	3	60	3	68	3	68	69	69
	最大值	34.2	56.2	2.90	4.28	101	120	36.4	40.0	>F100	>W10
	最小值	25.2	48.4	2.43	3.38	91	95	28.6	36.0		
	平均值	29.1	50.1	2.72	3.84	96	110	32.1	38.3		
C₉₀40F150W10	组数	2	2	—	2	—	2	—	2	2	2
	最大值	36.5	52.0	—	4.50	—	120	—	39.8	>F150	>W10
	最小值	35.7	51.3	—	3.76	—	101	—	39.1		
	平均值	36.1	51.7	—	4.13	—	111	—	39.5		

表中下标 90 为 C_{90} 等记号

5.5.2　混凝土施工

地下厂房进水塔、机窝等大体积结构混凝土，及引水隧洞和尾水隧洞等洞室衬砌混凝土均采用低热水泥混凝土浇筑；主变室和主厂房板梁柱结构混凝土采用普通硅酸盐水泥混凝土浇筑。

进水塔主要由"门塔机+吊罐"入仓，其中底板和顶部采用布料机入仓，采用台阶法浇筑。

主厂房大体积结构混凝土垂直运输以立柱式梭式布料机为主，辅以"溜管+溜槽""桥机+吊罐"方式入仓。

引水隧洞和尾水隧洞边顶拱采用泵送入仓，底板采用布料机入仓。

主变室和主厂房板梁柱结构采用泵送入仓。

本节主要介绍地下厂房工程低热水泥混凝土的冲毛、拆模和温度控制措施，其他的混凝土施工技术和工艺，与中热水泥混凝土基本一致，不再赘述。

5.5.2.1　冲毛

地下厂房低热水泥混凝土冲毛时间与环境温度、混凝土强度等级等因素有关，地下厂房洞室内温度常年介于 15~25℃，混凝土强度等级主要为 C25~C40、C$_{90}$25~C$_{90}$35。冲毛时机根据同环境养护条件下混凝土抗压强度进行确定，一般情况抗压强度大于 2.5MPa 时方可冲毛。

（1）进水塔混凝土。进水塔主要采用二级配混凝土，冲毛工艺与大坝混凝土基本相同。

（2）洞室混凝土。水平施工缝采用高压水冲毛，竖向施工缝采用人工或多头凿毛机进行凿毛。冲毛时间为收仓后 20~30h，冲毛水压力为 25~35MPa；人工凿毛的混凝土龄期均大于 2d。与中热水泥混凝土相比，低热水泥混凝土缝面冲毛处理时间对混凝土浇筑工期无影响。

5.5.2.2 拆模

地下厂房低热水泥混凝土拆模时间根据结构受力要求及混凝土强度发展情况，由同环境养护条件下混凝土抗压强度试验进行确定。同环境养护条件下混凝土抗压强度试验结果统计见表 5.5-6。

（1）进水口塔体。采用液压自爬升大型悬臂钢模板，混凝土强度须达到 10MPa 以上方可拆模。

（2）岩壁吊车梁。岩壁吊车梁混凝土强度大于设计强度的 75% 方可拆模，且混凝土龄期不少于 10d。

（3）阻抗板第一层混凝土强度达到设计强度的 100% 方可拆模，且混凝土龄期不少于 28d。

（4）地下厂房洞室群。边墙混凝土拆模时间在混凝土浇筑后宜不小于 24h；顶拱混凝土拆模时间根据强度试验结果确定，夏季一般不低于 36h、冬季一般不低于 48h。

表 5.5-6　同环境养护条件下混凝土抗压强度试验结果统计表

混凝土强度等级	季节	各龄期混凝土抗压强度/MPa						
		1d	2d	3d	4d	5d	6d	7d
C$_{90}$30	夏季	3.6	7.1	8.9	10.6	11.8	13.3	16.5
	冬季	—	6.2	7.7	9.3	10.4	11.9	13.5

地下厂房工程各部位混凝土浇筑效果见图 5.5-1。

5.5.3　混凝土温度控制

5.5.3.1　温度控制标准

1. 出机口温度与浇筑温度

（1）出机口温度。按不大于 14℃控制。

（2）浇筑温度。4—9 月按不大于 20℃控制，10 月至次年 3 月按不大于 18℃控制，12 月至次年 1 月或寒潮来临时，可实行自然入仓。其中岩壁吊车梁加严控制，4—9 月按不大于 18℃控制，10 月至次年 3 月按不大于 15℃控制。

2. 最高温度

地下厂房各部位混凝土设计允许最高温度控制标准见表 5.5-7。

（a）进水塔拦污栅　　　　　　　　　　（b）进水塔塔顶启闭机房

（c）母线洞　　　　　　　　　　（d）水轮机层风罩墙

（e）尾水调压室　　　　　　　　　　（f）尾水调压室牛腿

（g）尾水隧洞　　　　　　　　　　（h）尾水检修闸门室

图 5.5-1　地下厂房工程各部位混凝土浇筑效果

表 5.5-7　地下厂房各部位混凝土设计允许最高温度　　　　　　单位：℃

工 程 部 位		设计允许最高温度	
		4—9 月	10 月至次年 3 月
进水塔塔体	底板	42	40
	上部结构	45	42
尾水管检修闸门室、尾水调压室、尾水隧洞检修闸门室等	岩壁吊车梁	42	39
	流道衬砌	41	39
	阻抗板、微调底部分岔段	40	39
衬砌混凝土	衬砌混凝土	40	38
堵头	强约束区	42	40
	弱约束区	45	44

5.5.3.2　主要温度控制措施

1. 通水冷却

地下厂房大体积混凝土内部布置聚乙烯冷却水管进行通水冷却，混凝土温度与冷却水之间温差应小于 25℃，水流方向每天改变一次。

（1）进水塔塔体。冷却水管布置间距按 1.5m×1.5m（竖向×水平），混凝土浇筑完成后立即通水冷却，通水时间一般不大于 15d，降温幅度不大于 1℃/d。

（2）岩壁吊车梁。内部埋设两层水平冷却水管，间距约 1.0m，下层冷却水管距离混凝土底部约 1.6m，收仓后至内部温度达到 18℃时即通制冷水冷却，冷却水温度按不大于 16℃控制，通水历时 7~20d。

（3）蜗壳。每升层混凝土浇筑时在仓位中间布置一层冷却水管，间距 1.0m，层距 1.5m，在收仓 8h 后开始通水冷却，通水历时 7~20d。

（4）主厂房。大体积结构混凝土内部埋设 1~2 层间距 1.0~1.5m 冷却水管，混凝土浇筑完成后立即通水冷却，降温幅度不大于 1℃/d，通水历时 7~20d。

（5）阻抗板。3m 厚板仅在 1.5m 处埋设一层水平间距 1.0m 冷却水管，第一层 1.2m 厚混凝土中不予埋设冷却水管。混凝土内部最高温度出现前采用大流量通水冷却降低温峰，温峰出现后立即减小通水流量控温，防止温度回升，让其自然冷却。

（6）尾水隧洞。采用预冷混凝土后，混凝土内部最高温度满足设计要求，无须埋设冷却水管通水冷却。

2. 混凝土保湿与养护

（1）进水塔。水平缝面采用土工布覆盖并结合旋喷洒水养护，塔体直立面采用挂设花管流水养护，养护时间不小于 28d。

（2）岩壁吊车梁。混凝土顶部采用蓄水养护，侧面采用土工布全包裹结合花管流水养护，养护时间不小于 28d。

（3）主厂房。水平缝面采用土工布覆盖并结合洒水保湿养护，直至混凝土浇筑覆盖。

（4）尾水调压室。水平缝面采用土工布覆盖并结合洒水保湿养护，井壁混凝土采用花管流水养护。

（5）尾水洞。底板采用覆盖土工布覆盖并结合洒水保湿养护，边墙混凝土采用花管流水养护，顶拱混凝土采用喷涂混凝土养护剂养护。养护时间不少于混凝土设计龄期。

3. 混凝土保温

低温季节进水塔塔体直立面利用定位锥孔固定聚乙烯卷材保温，水平缝面采用保温被保温；地下洞室在引水、尾水隧洞洞口设置挡风墙防止形成"穿堂风"，地下洞室混凝土一般无须保温。

5.5.3.3　温度控制效果

1. 混凝土最高温度

地下厂房工程混凝土内部温度监测结果统计见表 5.5-8。由表 5.5-8 可知，进水塔、岩壁吊车梁、主厂房、蜗壳、尾水调压室等部位采用预冷低热水泥混凝土浇筑，混凝土内部最高温度均满足设计要求，且有一定的富余。

表 5.5-8　地下厂房工程混凝土内部温度监测结果统计表

工程部位	设计控制指标 /℃	最高温度 /℃	最高温升 /℃	符合率 /%
左岸进水塔	≤40	39.6	27.2	100.0
	≤42	41.9	27.6	100.0
左岸岩壁吊车梁	≤39	36.4	22.4	100.0
	≤42	41.6	26.2	100.0
左岸主厂房	≤38	36.1	21.5	100.0
	≤40	38.7	22.5	100.0
左岸尾水调压室阻抗板及流道	≤39	38.9	22.9	100.0
	≤40	39.8	26.8	100.0
左岸蜗壳	≤41	40.8	22.9	100.0
	≤45	42.1	22.7	100.0
右岸进水塔	≤40	39.1	27.1	100.0
	≤42	41.5	27.3	100.0
右岸岩壁吊车梁	≤39	35.2	21.1	100.0
	≤42	38.5	21.8	100.0
右岸主厂房	≤38	35.8	21.7	100.0
	≤40	38.5	22.9	100.0
右岸尾水调压室阻抗板及流道	≤39	38.9	23.3	100.0
	≤40	39.8	24.3	100.0
右岸蜗壳	≤41	39.7	21.8	100.0
	≤45	41.5	21.5	100.0

2. 裂缝普查

地下厂房工程使用低热水泥混凝土，温度裂缝普查表明，电站进水塔、岩壁吊车梁无一条温度裂缝，其他部位较中热水泥混凝土显著减少。

5.6 泄洪洞工程

白鹤滩水电站工程在左岸布置了 3 条世界最大无压直泄洪洞，由进水塔、上平段、龙落尾和挑流鼻坎组成。泄洪洞单洞长度 2170～2317m，具有"高水头（205m）、高流速（50m/s）、高强度（$C_{90}60$）、大断面（15m×18m）、大坡度（22.6°）、大泄量（单洞4083m³/s）"的特点。其中，上平段底板及边墙衬砌采用 $C_{90}40F150W10$ 常态混凝土，坍落度主要为 50～70mm；龙落尾段和挑流鼻坎底板及边墙衬砌采用 $C_{90}60F150W10$ 抗冲磨常态混凝土，坍落度主要为 70～90mm；顶拱及拱脚以下 2m 边墙衬砌采用 $C_{90}30F150W10$ 泵送混凝土，坍落度主要为 140～160mm。

5.6.1 混凝土性能

5.6.1.1 混凝土拌和物性能

1. 坍落度/扩展度

泄洪洞混凝土出机口坍落度/扩展度共检测 11905 次，其检测结果统计见表 5.6-1。由表 5.6-1 可知，按设计要求进行评定，总体符合率 99.0%，满足企业标准"坍落度符合率大于 85%"的控制要求；入仓混凝土坍落度合格率 100.0%。

表 5.6-1　泄洪洞混凝土出机口坍落度/扩展度检测结果统计表

序号	设计要求 /mm	检测次数	最大值 /mm	最小值 /mm	平均值 /mm	符合率 /%	合格率 /%
1	50～70	1896	80	43	60	99.4	100.0
2	70～90	3327	98	55	80	98.3	100.0
3	90～110	69	110	90	105	100.0	100.0
4	110～130	39	130	110	123	100.0	100.0
5	120～140	37	140	120	131	100.0	100.0
6	140～160	3559	175	130	152	99.2	100.0
7	160～180	2286	190	143	170	98.9	100.0
8	550～655	672	655	550	607	100.0	100.0
9	600～700	20	680	600	645	100.0	100.0
合　计		11905		—		99.0	100.0

2. 含气量

泄洪洞混凝土出机口含气量共检测 9117 次，其检测结果统计见表 5.6-2。由表 5.6-2可知，按设计要求进行评定，总体符合率 98.9%，满足企业标准"含气量符合率大于85%"的控制要求；入仓混凝土含气量合格率 100.0%。

表 5.6-2　泄洪洞混凝土含气量检测结果统计表

序号	设计要求 /%	检测次数	最大值 /%	最小值 /%	平均值 /%	符合率 /%	合格率 /%
1	3.0~4.0	1766	4.8	2.8	3.5	99.2	100.0
2	3.5~4.5	493	4.5	3.1	4.1	99.7	100.0
3	4.5~5.5	6858	5.9	3.4	5.0	98.8	100.0
合　计		9117		—		98.9	100.0

3. 温度

泄洪洞混凝土出机口温度共检测 6199 次，其检测结果统计见表 5.6-3。由表 5.6-3 可知，按设计要求进行评定，总体符合率 99.5%，满足企业标准混凝土出机口温度符合率的控制要求；入仓混凝土出机口温度合格率 100.0%。

表 5.6-3　泄洪洞混凝土出机口温度检测结果统计表

序号	设计要求 /℃	检测次数	最大值 /℃	最小值 /℃	平均值 /℃	符合率 /%	合格率 /%
1	≤14.0	5865	15.5	7.8	13.1	99.5	100.0
2	常温	334	30.0	8.5	17.6	—	—
合　计		6199		—		99.5	100.0

5.6.1.2　混凝土抗压强度

泄洪洞混凝土抗压强度共检测 12369 组，包括 C25F100W10 混凝土 2612 组、C30F100W10 混凝土 215 组、C40F100W10 混凝土 59 组、$C_{90}20F100W8$ 混凝土 73 组、$C_{90}25F100W10$ 混凝土 294 组、$C_{90}30F150W10$ 混凝土 4416 组、$C_{90}35F150W10$ 混凝土 21 组、$C_{90}40F150W10$ 混凝土 3091 组、$C_{90}60F150W10$ 混凝土 1588 组，检测结果统计见表 5.6-4。由表 5.6-4 可知，各强度等级混凝土设计龄期抗压强度均满足设计要求。

表 5.6-4　泄洪洞混凝土抗压强度检测结果统计表

设计要求	级配	龄期 /d	组数	最大值 /MPa	最小值 /MPa	平均值 /MPa	不低于设计强度的百分率/%
C25F100W10	一	28	267	42.7	35.0	38.4	100.0
	二	7	58	28.3	18.5	24.2	—
		28	2287	42.9	36.3	38.2	100.0
C30F100W10	二	28	17	47.5	40.4	44.2	100.0
	三	7	16	37.3	28.4	33.2	—
		28	182	48.9	41.9	44.6	100.0
C40F100W10	一	28	23	57.4	48.0	54.3	100.0
	二	28	36	59.1	51.8	55.3	100.0

设计要求	级配	龄期/d	组数	最大值/MPa	最小值/MPa	平均值/MPa	不低于设计强度的百分率/%
C₉₀20F100W8	二	7	10	16.9	9.7	13.4	—
		28	28	30.7	24.0	26.9	—
		90	35	47.5	34.9	41.4	100.0
C₉₀25F100W10	二	7	5	15.6	6.3	11.6	—
		28	25	30.7	23.8	25.9	—
		90	167	48.6	34.4	41.6	100.0
	三	28	4	35.7	29.3	31.6	—
		90	93	47.4	32.8	41.4	100.0
C₉₀30F150W10	一	7	2	16.3	7.4	12.1	—
		28	244	43.6	35.1	38.6	—
		90	1049	56.3	42.1	50.3	100.0
	二	7	32	21.2	15.0	16.5	—
		28	421	36.6	27.8	32.2	—
		90	2225	54.9	41.2	49.5	100.0
		180	8	60.0	50.0	57.2	—
	三	7	7	18.5	9.6	14.5	—
		28	70	33.8	27.3	28.7	—
		90	355	54.9	41.2	47.8	100.0
		180	3	56.7	46.2	51.9	—
C₉₀35F150W10	一	90	21	61.3	47.7	56.0	100.0
C₉₀40F150W10	二	7	23	33.2	26.4	28.7	—
		28	277	47.0	40.5	42.9	—
		90	2781	67.5	54.2	62.0	100.0
		180	7	76.2	63.1	68.0	—
	三	90	3	67.4	54.3	61.8	100.0
C₉₀60F150W10	二	7	80	40.4	32.5	35.8	—
		28	471	63.1	53.4	58.3	—
		90	1026	77.7	65.5	71.1	100.0
		180	11	80.7	65.8	75.9	—

5.6.1.3 混凝土全性能

泄洪洞混凝土全性能试验共检测 31 组，其中 $C_{90}30F150W10$ 混凝土 5 组、$C_{90}40F150W10$ 混凝土 22 组、$C_{90}60F150W10$ 混凝土 4 组，检测结果统计见表 5.6-5。由表 5.6-5 可知，各强度等级混凝土的抗冻等级和抗渗等级均满足设计要求，设计龄期轴向抗拉强度平均值大于 3.81MPa、极限拉伸值平均值大于 115×10^{-6}、抗压弹性模量平均值大于 38.6GPa，混凝土性能优良。

表 5.6-5　泄洪洞混凝土全性能试验检测结果统计表

设计要求	统计项目	抗压强度 /MPa		轴向抗拉强度 /MPa		极限拉伸值 （×10⁻⁶）		抗压弹性模量 /GPa		抗冻 等级	抗渗 等级
		28d	90d	28d	90d	28d	90d	28d	90d		
C₉₀30F150W10	组数	5	5	—	5	—	5	—	5	5	5
	最大值	33.4	52.9	—	3.86	—	122	—	42.6	>F150	>W10
	最小值	27.3	42.1	—	3.71	—	102	—	34.4		
	平均值	30.4	48.0	—	3.81	—	115	—	38.6		
C₉₀40F150W10	组数	22	22	22	22	22	22	22	22	22	22
	最大值	46.2	66.8	3.22	4.74	114	130	34.4	44.8	>F150	>W10
	最小值	41.0	55.1	2.96	3.76	86	105	31.5	36.7		
	平均值	43.9	62.7	3.09	4.09	100	118	33.0	40.8		
C₉₀60F150W10	组数	4	4	4	4	4	4	4	4	4	4
	最大值	63.0	75.5	—	5.44	—	135	—	45.8	>F150	>W10
	最小值	55.6	69.0	—	4.43	—	108	—	41.4		
	平均值	58.8	72.5	—	4.95	—	124	—	43.3		

5.6.2　混凝土施工

泄洪洞洞身衬砌混凝土按"底板垫层→边墙→顶拱→底板"的先后顺序分段浇筑，上平段分段长度一般为 12m，龙落尾段分段长度一般为 9m，分缝位置应避开应力集中区，且要求边墙、顶拱、底板的分缝位置在同一个断面。底板和边墙浇筑坍落度为 50~70mm 或 70~90mm 的低热水泥常态混凝土，采用自卸车运输、布料机或斜皮带供料系统入仓；顶拱浇筑坍落度为 140~160mm 的低热水泥泵送混凝土，采用罐车运输、泵送入仓。混凝土中埋冷却水管，采用 15~21℃ 的制冷水通水冷却。边墙及底板混凝土拆模时间为浇筑完成后 24~36h，顶拱混凝土拆模时间为浇筑完成后 36~48h。本节主要介绍泄洪洞低热水泥混凝土的温度控制。

泄洪洞工程各部位混凝土浇筑效果见图 5.6-1。

5.6.3　混凝土温度控制

5.6.3.1　温度控制标准

1. 出机口温度与浇筑温度

（1）出机口温度。按不大于 14℃ 控制。

（2）浇筑温度。4—9 月按不大于 18℃ 控制，10 月至次年 3 月按不大于 15℃ 控制，12 月至次年 1 月环境温度不大于 15℃ 时，实行自然入仓。

2. 最高温度

泄洪洞各部位混凝土内部最高温度控制标准见表 5.6-6。

（a）进水口

（b）上平段

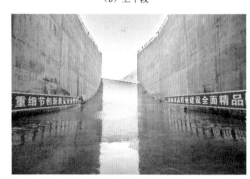

（c）龙落尾

（d）出口挑流鼻坎

图 5.6-1　泄洪洞工程各部位混凝土浇筑效果

表 5.6-6　泄洪洞各部位混凝土内部最高温度控制标准

序号	部　　位		混凝土强度等级	4—9月最高温度 /℃	10月至次年3月 最高温度 /℃
1	进口	底板	$C_{90}30$	≤40	≤38
2		上部大体积混凝土	$C_{90}30$	≤40	≤38
3	上平段 （衬砌厚 1~1.2m）	底板边墙	$C_{90}40$	≤39	≤37
4		顶拱	$C_{90}30$	≤37	≤35
5	上平段 （衬砌厚 1.5m）	底板边墙	$C_{90}40$	≤40	≤39
6		顶拱	$C_{90}30$	≤39	≤38
7	龙落尾 （衬砌厚 1~1.2m）	底板边墙	$C_{90}60$	≤39	≤38
8		顶拱	$C_{90}30$	≤38	≤37
9	龙落尾 （衬砌厚 1.5m）	底板边墙	$C_{90}60$	≤40	≤39
10		顶拱	$C_{90}30$	≤39	≤38
11	出口 挑流鼻坎	强约束区	$C_{90}30$	≤37	≤35
12		弱约束区	$C_{90}30$	≤39	≤36
13		自由区	$C_{90}60$	≤40	≤38

5.6.3.2　主要温度控制措施

1. 冷却水管布置与通水

衬砌混凝土冷却水管布置平行于水流方向，衬砌厚度不大于 1.5m 时，冷却水管单排布置，埋设在衬砌中间，间距为 1.0m；衬砌厚度不小于 2m 时，冷却水管两排布置，水管排距 1.0m，间距为 0.75~1.0m。靠近基岩的冷却水管距基岩面 0.15m。采取智能通水调节通水量或水温，控制降温幅度不大于 1℃/d，通水时间为 40d。

2. 混凝土养护

(1) 混凝土终凝后，在模板拆除前即开始洒水养护，保持混凝土与模板间的缝隙湿润。边墙混凝土拆模后，沿左右边墙各布置一条塑料花管，采用智能养护实现混凝土表面间歇性循环养护，保证了养护的及时性和均匀性。

(2) 顶拱混凝土拆模后，外露面涂抹养护剂。

(3) 底板抹面后立即覆盖薄膜和土工布保湿养护，终凝后覆盖土工布实行洒水养护，始终保持表面湿润。

(4) 养护时间不少于混凝土设计龄期，实行"早保护、长养护"的养护制度。另外，针对低热水泥混凝土后期强度增长较大的特性，通过延长养护时间降低开裂及龟裂风险，上平段养护时间不少于 90d，龙落尾段养护至运行前。

3. 混凝土保温

泄洪洞、施工支洞、通风洞（井）等所有孔洞进出口全年采取挂防风帘措施，减少空气流动，防止形成"穿堂风"，保持洞内环境温度稳定。

5.6.3.3　温度控制效果

1. 混凝土最高温度

泄洪洞混凝土内部最高温度监测结果统计见表 5.6-7。由表 5.6-7 可知，各部位混凝土最高温度均低于设计要求，无超温点，且平均富余度为 1.2~2.9℃。

表 5.6-7　泄洪洞混凝土内部最高温度监测结果统计表

部位	时　段	最高温度/℃	平均最高温度/℃	平均富余度/℃	最高温升/℃	超温点/个	符合率/%
进口	10月至次年3月	37.2	36.5	1.2	22.0	0	100.0
	4—9月	38.5	37.4	2.6	20.7	0	100.0
洞身上平段	10月至次年3月	38.4	36.7	1.7	21.3	0	100.0
	4—9月	39.0	37.4	2.2	22.4	0	100.0
洞身龙落尾段	10月至次年3月	37.3	36.4	2.6	20.8	0	100.0
	4—9月	38.6	37.1	2.9	19.5	0	100.0
出口挑流鼻坎	10月至次年3月	37.3	36.4	1.6	21.8	0	100.0
	4—9月	38.4	37.5	2.5	18.8	0	100.0

由于低热水泥混凝土具有较低的水化热温升，设计要求已加严，与类似工程相比，混凝土内部设计允许最高温度已降低 4~5℃，因此，白鹤滩水电站泄洪洞低热水泥混凝土与

类似工程泄洪洞中热水泥混凝土相比，最高温度降低约 5.2~7.9℃。

2. 裂缝普查

泄洪洞工程浇筑低热水泥混凝土 52 万 m³，经裂缝普查，未发现温度裂缝。

类似工程泄洪洞有压段、左右岸龙落尾段混凝土裂缝情况统计结果见表 5.6-8。由表 5.6-8 可知，与中热水泥混凝土相比，采用低热水泥混凝土能大幅降低混凝土裂缝产生的概率；每 1 万 m³ 中热水泥混凝土裂缝数量为 22.35 条，每 1 万 m³ 低热水泥混凝土裂缝数量为 6.86 条，裂缝数量降低 69.31%，降低效果明显。

表 5.6-8　类似工程泄洪洞混凝土裂缝情况统计表

部位	中热水泥混凝土			低热水泥混凝土			浇筑工艺
	浇筑量 /m³	裂缝总数 /条	1 万 m³ 混凝土裂缝数量/条	浇筑量 /m³	裂缝总数 /条	1 万 m³ 混凝土裂缝数量/条	
左岸有压段	26208	41	15.64	39772	32	8.05	—
左岸龙落尾段	830	12	114.58	43372	50	11.53	顶拱和边墙一起浇筑
右岸龙落尾段	2490	13	52.21	56262	14	2.49	顶拱和边墙分开浇筑
合计	29528	66	22.35	139406	96	6.86	—

白鹤滩水电站泄洪洞无裂缝建造关键技术为：应用低热水泥混凝土，并采用"边墙→顶拱→底板"的分序分段浇筑方式；边墙和底板使用低坍落度、无硅粉常态混凝土，胶凝材料总量较低；各环节温度控制与养护更加精细、严格。

5.7　低热水泥混凝土应用建议

白鹤滩水电站全工程应用低热水泥混凝土，涵盖大坝、地下厂房、泄洪洞、水垫塘与二道坝、导流洞等工程部位。为便于叙述介绍，本节针对不同工程部位对低热水泥混凝土应用类型进行了分类，主要包括大体积混凝土、大体积结构混凝土、洞室衬砌混凝土、高流速过流面混凝土、框架结构混凝土，并对不同工程部位混凝土提出应用建议。不同类型混凝土与工程部位对应表，见表 5.7-1。

表 5.7-1　不同类型混凝土与工程部位对应表

序号	混凝土类型	工 程 部 位
1	大体积混凝土	大坝坝体、二道坝坝体
2	大体积结构混凝土	(1) 大坝：坝顶结构，表孔、深孔、底孔等进出口牛腿及闸墩，水垫塘； (2) 地下电站厂房：进水塔，岩壁吊车梁、蜗壳、风罩墙、尾水调压井； (3) 导流、泄洪洞：进水塔
3	洞室衬砌混凝土	导流洞、电站引水系统的尾水洞、泄洪洞洞身
4	高流速过流面混凝土	大坝表孔、底孔及泄洪洞洞身
5	框架结构混凝土	大坝坝顶、电站进水口塔顶、泄洪洞进水口塔顶建筑物；主厂房发电机层、主变室等框架板梁柱

5.7.1　低热水泥及混凝土性能

（1）低热水泥与中热水泥同属硅酸盐水泥系列，其矿物成分、水化产物基本相同。但低热水泥长龄期水化产物的稳定性、硬化浆体的总孔隙率等微观特性优于中热水泥，宏观上表现为高强度、更优的混凝土耐久性和抗裂性；低热水泥各龄期的水化热均明显低于中热水泥，约为中热水泥的 86%，2 年龄期低热水泥的水化热比中热水泥低约 53kJ/kg，而强度高约 6%。

（2）与中热水泥混凝土相比，低热水泥混凝土具有用水量较低、和易性好、早期强度低、后期强度高、水化温升较低、放热速率较慢、抗裂性能优等特点，其他性能与中热水泥混凝土相当。同等条件下，可提高混凝土抗裂安全系数。

（3）低热水泥混凝土配合比设计龄期宜选择 90d、180d，在条件允许时根据现场实际需要可延长至 365d。

（4）鉴于低热水泥混凝土抗裂性能优良、且拆模与冲毛等工序对工程整体进度无影响、早期水化速度缓慢的卓越特点。水利水电工程大体积混凝土、大体积结构混凝土、洞室衬砌混凝土、高流速过流面混凝土等部位应首选低热水泥，但应根据低热水泥混凝土的强度发展特性，实施必要的配套措施。

（5）应关注低热水泥与高效减水剂的适应性，当低热水泥中 C_3A 含量低于 1.5%，与高效减水剂搭配配制混凝土时易出现凝结时间超长的现象，需调整低热水泥 C_3A 含量、高效减水剂的组分，改善水泥与高效减水剂的适应性，使混凝土的凝结时间满足施工要求。

5.7.2　大体积混凝土施工

大体积混凝土使用低热水泥混凝土，虽施工拆模时间和仓面冲毛时间略有延后，但均在合理的备仓时间和间歇期内，对工程整体施工进度无影响；其他施工工艺与中热水泥混凝土基本相同。

（1）拆模与冲毛。混凝土抗压强度发展，受混凝土配合比、温湿度、气候条件等因素的影响，混凝土的拆模与冲毛参数应通过现场同环境条件养护下早龄期抗压强度试验确定。由于低热水泥混凝土早期强度发展较慢，拆模过程中应注重平行退模，加强混凝土边角保护，同时还应关注使用的环境及模板类型导致拆模允许强度的变化；在低温季节，可适当提高混凝土出机口温度与浇筑温度及一期控温目标温度，以利于低热水泥混凝土早期的强度发展，适当缩短混凝土拆模与冲毛时间。

（2）保湿与养护。混凝土浇筑过程中采用聚乙烯卷材坯层保温和喷雾保湿，收仓后持续进行喷雾保湿，防止混凝土早期出现龟裂；混凝土终凝后高温季节进行流水养护、低温季节覆盖保温被并在被面洒水，保持保温被下混凝土表面湿润，但不能积水，直至混凝土被覆盖；廊道养护，采用真空喷雾养护为极佳方式。对于廊道等重要部位，保温保湿养护时间应不小于设计龄期，做到"早保护、长养护"。

（3）温控防裂。根据低热水泥混凝土早期水化放热缓慢、温峰延后、绝热温升低等特点，在最高温度可控的情况下，通过分析计算和生产性试验，合理确定低热水泥混凝土出机口温度、浇筑温度、冷却水管布置和通水策略。采用智能通水实施时空联控，可精准精细进行坝体温度控制。

5.7.3　大体积结构混凝土施工

大体积结构混凝土一般混凝土强度等级高、水泥用量大，采用预冷低热水泥混凝土温度控制优势明显。

（1）结构安全与施工进度。由于大体积结构混凝土部位备仓时间较长，容易形成长间歇仓面，且多使用二级配混凝土，设计强度等级较高、胶凝材料用量较大，低热水泥混凝土早期强度偏低的问题不突出，较长的备仓时间利于低热水泥混凝土强度增长，保障了结构安全。但需注意的是，拆模时间与施工荷载冲击需认真验算复核，确保施工安全与结构安全；备仓时间较长，容易形成长间歇，需防止超长间歇时间。

（2）保湿与养护。应根据不同的结构采取不同的保湿和养护措施。

大坝底孔、深孔进水口牛腿等倒悬结构部位，在安装预制模板前，在预制模板吊装前，于外表面事先粘贴保温材料。

水垫塘混凝土过流面抹面收光后，采用"水分蒸发抑制剂+薄膜"进行保湿，收仓后采用流水养护，直至冬季来临前且外观验收后在表面喷涂2cm厚聚氨酯进行保温保湿。

塔体混凝土水平缝面采用土工布覆盖并结合旋喷洒水养护，直至下一层混凝土被覆盖；塔体直立面采用挂设花管流水养护，养护时间不小于28d。

岩壁吊车梁混凝土顶部采用蓄水养护，侧面采用土工布覆盖并结合花管流水养护，梁下斜面采取土工布紧贴斜面进行养护，养护时间为28d。

蜗壳混凝土在收仓后洒水养护，使表面始终保持湿润状态，并养护至上层混凝土浇筑。

流道、廊道、井口等孔洞口在混凝土终凝后开始洒水养护，使表面始终保持湿润状态，尤其应及时进行封闭，防止形成"穿堂风"；浇筑成型的流道表面验收后喷涂4cm厚的聚氨酯进行保温保湿。

（3）温控防裂。控制混凝土出机口温度与浇筑温度以控制混凝土最高温度；坝体牛腿区域、浇筑自密实混凝土区域，由于胶凝材料用量大，混凝土绝热温升高，前期以大流量通水控制最高温度，待削峰后混凝土温度降至坝体温度附近后，再同步冷却至一期降温目标值；岩壁吊车梁内部温度达到18℃时即通制冷水冷却，冷却水温度按不大于16℃控制；蜗壳、阻抗板第一层收仓8h后开始通水冷却，待最高温度受控后，改为自然冷却；流道、廊道、井口等孔洞口在施工期内须全年封闭，保持洞内环境温度稳定，防止形成"穿堂风"。

5.7.4　洞室衬砌混凝土施工

地下洞室衬砌结构混凝土，由于水胶比小、胶凝材料用量较高，薄壁混凝土受基岩强约束，温控防裂的难度大，因此，采用低热水泥常态混凝土浇筑可从源头上降低最高温度，是解决地下洞室衬砌结构混凝土温控防裂的有效措施之一。

（1）施工进度。洞室衬砌混凝土宜采用"边墙→顶拱→底板"的顺序分序适当分段浇筑，分缝位置应避开应力集中区，且要求边墙、顶拱、底板的分缝位置在同一个断面。由于洞室衬砌多采用二级配、高强度等级混凝土，其胶凝材料用量大、早期强度不低，可保障施工进度不受低热水泥混凝土早期强度偏低的影响。

（2）保湿与养护。混凝土终凝后模板拆除前即开始洒水养护，保持混凝土与模板间的缝隙湿润；拆模后，底板混凝土采用覆盖土工布并洒水养护，边墙混凝土采用花管流水养护，顶拱混凝土采用喷涂混凝土养护剂养护；养护时间不短于混凝土设计龄期。

（3）温控防裂。低热水泥混凝土早期温升低、温峰延后，最高温度易于控制。施工过程中应注意混凝土温度受洞内气温及基岩温度的影响，在进行温度控制设计时，宜采用"小梯度、慢冷却、精准控制"的温度控制策略。采用预冷混凝土，当气温低于 15℃ 时可采用常温混凝土；低温和气温骤降频繁季节更应注意早期表面保护，洞身衬砌 28d 龄期内混凝土暴露面应在拆模后立即覆盖保温材料；施工支洞、通风洞（井）等所有孔洞口全年采取建挡风墙（有交通要求部位挂防风帘）防止形成"穿堂风"。

5.7.5　高流速过流面混凝土施工

泄洪洞、大坝表孔等高流速过流面，因混凝土强度等级高、水泥用量大、温控防裂要求高，温度控制难度大，采用预冷低热水泥混凝土降低温升优势明显。

（1）施工进度。由于使用二级配高强度等级混凝土，胶凝材料用量较大，低热水泥混凝土早期强度偏低问题不突出，对施工进度无影响。

（2）保湿与养护。大坝表孔抹面后即覆盖塑料薄膜和土工布保湿，待混凝土终凝后覆盖保温被，实行不间断流水养护，养护时间不小于混凝土设计龄期；龙落尾底板抹面后立即覆盖塑料薄膜和土工布保湿，待混凝土终凝后实行不间断洒水养护，养护至泄洪洞过流前。

（3）温控防裂。主要控制混凝土出机口温度、入仓温度、浇筑温度，并采取保温、保湿、通冷却水等措施控制混凝土的最高温度和温升。表孔过流面在入冬前，喷涂 4cm 厚聚氨酯进行保温保湿，过流前可不拆除。

5.7.6　框架结构混凝土施工

框架结构混凝土多为承重结构，设计龄期一般为 28d，对早期强度要求较高。低热水泥混凝土早期强度偏低，为满足设计强度要求，可使用少掺或不掺掺合料、降低水胶比等措施。然而，在框架结构中采用低热水泥混凝土不能充分发挥其高后期强度的优势，根据现场的实际情况综合考虑，可使用中热水泥或普通硅酸盐水泥。

5.8　思考与借鉴

（1）混凝土性能抽检和温度监测结果进一步验证了低热水泥混凝土早期温升发展缓慢、后期强度高、自生体积变形呈微膨胀、最终温升低且接缝灌浆后温度回升小等性能特征，为白鹤滩水电站工程高质量建成 300m 级无裂缝特高拱坝，镜面无裂缝泄洪洞等提供了优质高性能混凝土。

（2）研究提出了与低热水泥混凝土性能发展规律相协调的施工工艺，形成了一套完整的低热水泥混凝土施工工法，如适当延后拆模和冲毛时间，早保护、长养护，以保证工程质量和结构安全；在仓面较少的条件下可将浇筑升层由 3.0m 提高至 4.5~6.0m，甚至更厚达 9m，以减少新老混凝土层间结合层数、减少钢筋接头，提高混凝土质量，加快施工进度。

（3）白鹤滩水电站首次全工程使用低热水泥，在温度控制措施方面相对保守。工程实践表明，地下厂房、泄洪洞等部位，最高温度符合率 100.0%，尚有优化空间；电站进水口等大体积结构混凝土和洞室衬砌混凝土部分部位，可通过降低混凝土出机口温度与浇筑温度、浇筑常态混凝土，达到取消布设冷却水管的目的。

第 6 章　价值与未来

2022 年 12 月 20 日，白鹤滩水电站全面投产发电，标志着当今世界综合技术难度最大、总装机容量仅次于三峡水利枢纽工程的白鹤滩水电站工程全面建成，世界坝工史上又一颗璀璨明珠诞生。纵观白鹤滩水电站工程建设过程，"建精品工程　铸水电典范"目标的实现离不开科研人员与建设者们对低热水泥混凝土科学严谨的科研论证、生产试验、应用实践。"路漫漫其修远兮"，低热水泥混凝土目前在我国工程建设中的应用方兴未艾，前景广阔，需全产业链的相关技术人员精益求精，拓展推进。本章总结了低热水泥在白鹤滩水电站工程建设中取得的主要行业价值，展望了低热水泥应用与未来发展方向。

6.1　行业价值

1. 成功研制并在白鹤滩全工程应用高性能低热水泥，革新了筑坝材料

"九五"期间，我国在攻克 C_2S 矿物活化与高活性晶型常温稳定难题的基础上研制出低热水泥和实现工业化生产，"十五"期间纳入国家标准，并先后在三峡、向家坝、溪洛渡等特大型水利水电工程局部试用。历经近二十年的低热水泥及混凝土系统研究、应用实践和科学论证，为低热水泥在白鹤滩水电站的全工程应用奠定了基础。

通过联合技术攻关、试生产、考核性生产和稳定性生产，大幅提升了低热水泥品质及稳定性，规模化生产出水化热更低、放热速度更慢、收缩率更小、抗裂性更高的高性能低热水泥，并在白鹤滩水电站全工程成功应用，促进了我国筑坝材料的革新与发展。

2. 制定了低热水泥从生产到应用的全过程质量技术标准，引领了行业发展

为保障白鹤滩水电站全工程应用低热水泥，在《中热硅酸盐水泥　低热硅酸盐水泥　低热矿渣硅酸盐水泥》（GB 200—2003）国家标准的基础上，制定了《拱坝混凝土用低热硅酸盐水泥技术要求及检验》（Q/CTG 13—2015）和《水工低热硅酸盐水泥混凝土技术规范》（Q/CTG 324—2020）等企业标准。为进一步促进低热水泥混凝土的推广应用，制定了电力行业标准《水电工程低热硅酸盐水泥混凝土技术规范》（DL/T 5817—2021），修订了国家标准《中热硅酸盐水泥　低热硅酸盐水泥》（GB/T 200—2017）、电力行业标准《水工混凝土施工规范》（DL/T 5144—2015）和水利行业标准《水工混凝土施工规范》（SL 677—2014），共同构成低热水泥从生产、出厂到工程应用的全过程技术质量标准，规范与指导后续工程生产与应用低热水泥，引领了行业发展。

3. 掌握了低热水泥及混凝土性能演变规律及关键施工技术，推动了行业技术进步

系统开展了低热水泥及混凝土宏观和微观性能研究，揭示了低热水泥及混凝土的水化机理、微观结构及性能发展演变规律；研制出性能优良的低温升、高抗裂、高耐久混凝

土，满足设计要求及工程建设需要；提出了适应干热河谷恶劣气候的混凝土生产、性能调控与质量保障系列解决方案；掌握了与低热水泥混凝土性能发展相匹配的不同工程部位混凝土施工技术与工艺，保证了施工质量、安全和进度，开辟了采用低热水泥混凝土建设无缝大坝的全新技术路径，推动了混凝土技术进步。

4. 构建了从原材料生产到混凝土浇筑的全过程质量管控体系，提升了管理水平

在建设管理单位的统筹下，形成了业主、厂家、监理、施工、科研、行业专家组成的多方联动机制，构建了从原材料、中间产品到成品的全过程精细化质量管控模式，保证了工程高品质原材料的稳定供应和高性能混凝土的顺利浇筑。牵头科研单位提前系统开展混凝土配合比试验研究，为低热水泥全工程应用奠定坚实基础；首创低热水泥、粉煤灰、外加剂驻厂监造，从生产源头加强原材料质量控制；自主研发智能化试验检测信息管理系统，运用信息化手段从原材料到混凝土全过程信息化管控，规范检测行为、提高检测效率、提升水利水电工程试验检测管理水平；以"服务现场"为原则，建立施工现场巡查、应急情况处理、配合比微调等快速反应工作机制，将混凝土质量控制由出机口延伸至仓面，确保了精品混凝土生产与浇筑质量，全面提升了低热水泥从科研、生产到应用全链条的管理水平。

5. 全面建成无缝大坝、镜面泄洪洞等精品工程，树立了行业标杆

除地下厂房框架结构混凝土外，白鹤滩水电站全工程应用低热水泥混凝土。在大体积混凝土方面，充分考虑干热河谷大风气候，针对 300m 级特高拱坝低热水泥混凝土的低温、高温季节浇筑制定差异化、精细化温控措施，最高温度、各阶段温度降幅、降温速率全面受控，坝体体型精准、内实外光、无裂无缺，建成了精品坝体、精品廊道、精品溢流面组成的精品大坝，破解了坝工界"无坝不裂"的世界难题。在大体积结构混凝土方面，地下厂房工程进水塔、尾水调压室、尾水隧洞等部位在应用低热水泥混凝土后简化了温控措施，最高温度均满足设计要求，消除了温度裂缝。在洞室衬砌混凝土方面，泄洪洞工程应用低热水泥混凝土在简化了温控措施的同时，相比类似工程中热水泥混凝土内部最高温升降低约 $5.2 \sim 7.9℃$，有效避免了温度裂缝产生，成功浇筑了无缺陷镜面混凝土，实现了"体型精准、平整光滑、无裂无缺、抗冲耐磨"的质量目标，树立了水利水电工程行业标杆。

6.2 未来展望

1. 低热水泥生产技术革新突破，提升性价比

虽然低热水泥具有低水化热、高抗裂、高抗侵蚀、高耐久等优点，但与中热水泥、普通硅酸盐水泥相比，其早期强度略低、市场价格偏高，从一定程度上限制了低热水泥的应用领域及范围，需进一步开展低热水泥熟料中 C_2S 活化技术及配套烧成工艺研究，提高高活性 C_2S 晶型含量，以进一步提升低热水泥综合性能和经济性。

2. 低热水泥技术标准系统化，实现国际引领

在总结三峡水利枢纽及向家坝、溪洛渡、乌东德、白鹤滩水电站等工程低热水泥应用经验和现有低热水泥标准的基础上，进一步完善和形成低热水泥混凝土从材料、施工到应

用的成套技术标准，以中国标准引领实现中国水电技术引领，占领世界水电制高点，为低热水泥在我国的推广应用及中国水电技术的全球输出提供技术支撑。

3. 低热水泥应用领域拓展深化，挖掘性能优势

低热水泥在白鹤滩水电站全工程成功应用，充分印证了其低水化热、高抗裂、高耐久的技术优势，可为类似水利水电工程应用低热水泥提供参考与借鉴。当前我国现代化基础设施体系尚未全面建成，交通、能源、水利等行业工程建设需求广泛且呈现多元化特点，为低热水泥的应用提供了广阔空间。举例而言，低热水泥混凝土的低水化温升、高抗裂性，可为其在能源、土木、建筑等行业大体积混凝土提供先天优势；其高耐磨、高抗侵蚀性能，可助力其在公路工程、机场工程、海洋工程等工程场景中的拓展应用。

参考文献

A. M. 内维尔，1983. 混凝土的性能 [M]. 北京：中国建筑工业出版社.

本刊专题报道组，2020. 特种水泥系列报道之低热水泥：开启世界"无裂大坝"之门 [J]. 中国建材
（8）：31-35.

蔡胜华，孙明伦，王海生，等，2007. 石粉含量对碾压混凝土性能的影响 [J]. 长江科学院院报，24
（5）：76-78.

陈万桂，1985. 葛洲坝工程混凝土力学性能的研究 [J]. 长江水利水电科学研究院院报（2）：31-38.

樊启祥，李文伟，李新宇，等，2016. 美国胡佛大坝低热水泥混凝土应用与启示 [J]. 水力发电，42
（12）：46-49.

樊启祥，杨华全，李文伟，等，2018. 两种低热与中热硅酸盐水泥混凝土热力学特性对比分析 [J]. 长
江科学院院报，35（12）：133-137.

樊启祥，2016. 泄洪洞工程实践 [M]. 北京：中国三峡出版社.

冯奇，刘光明，巴恒静，2004. 颗粒级配对水泥基材料有害孔隙率的影响 [J]. 同济大学学报（自然科
学版），32（9）：1168-1172.

郭传科，王毅，任超，等，2018. 白鹤滩水电站大坝中热与低热水泥混凝土温控对比分析 [J]. 水利水
电快报，39（8）：45-48.

胡泽清，孙明伦，李仁江，2013. 溪洛渡水电站水垫塘抗冲磨混凝土质量控制 [J]. 粉煤灰（3）：40-43.

虎永辉，姚云德，罗荣海，2014. 低热硅酸盐水泥在向家坝工程抗冲磨混凝土中的应用 [J]. 水电与新
能源（2）：38-42.

华东勘测设计研究院有限公司，2015. 金沙江白鹤滩水电站低热水泥应用可行性研究报告 [R]. 杭州：
华东勘测设计研究院有限公司.

黄国兴，2007. 试论水工混凝土的抗裂性 [J]. 水力发电. 33（7）：93-96.

黄明辉，李洋，樊义林，等，2019. 白鹤滩水电站粉煤灰残留氨控制研究与实践 [J]. 人民长江，50
（11）：189-194.

加岛聪，佐野辛洋，古屋信明，1993. 明石海峡大桥1号锚墩的设计与施工 [J]. 国外桥梁（3）：55-63.

姜福田，1980. 刘家峡水电站工程混凝土质量的检测与控制 [J]. 水力发电（5）：9-15.

李文伟，樊启祥，李新宇，等，2017. 特高拱坝专用低热硅酸盐水泥研究与应用 [J]. 水力发电学报，
36（3）：113-120.

李滢，杨静，2004. 胶凝材料颗粒级配对水泥凝胶体结构及强度的影响 [J]. 新型建筑材料报（3）：1-4.

刘数华，方坤河，2008. 胶凝材料的水化热研究综述 [J]. 商品混凝土（3）：9-11.

卢安贤，2013. 无机非金属材料导论 [M]. 长沙：中南大学出版社.

马烨红，吴笑梅，樊粤明，2007. 石灰石粉作掺合料对混凝土工作性能的影响 [J]. 混凝土（6）：56-59.

马忠诚，文寨军，2017. 中国建材总院重要科技成果展示——低热硅酸盐水泥 [J]. 中国建材（9）：
118-119.

马忠诚，姚燕，文寨军，等，2018. 国内外中低热水泥国家标准对比 [J]. 水泥（9）：52-56.

隋同波，范磊，文寨军，等，2009. 低能耗、低排放、高性能、低热硅酸盐水泥及混凝土的应用 [J]. 中国材料进展，28（11）：46-52.

孙明伦，胡泽清，李仁江，2012. 溪洛渡电站水垫塘抗冲磨混凝土施工配合比优化 [J]. 人民长江，43（s2）：111-112，124.

孙明伦，胡泽清，石妍，等，2011. 低热硅酸盐水泥在泄洪洞工程中的应用 [J]. 人民长江，42（z2）：157-159.

孙明伦，张利平，2011. 溪洛渡水电站粗骨料级配分析与调整试验研究 [J]. 人民长江，42（7）：33-35.

孙明伦，2002. 缓凝高效减水剂 X404 在三峡工程中的应用 [J]. 水力发电（2）：26-27，45.

田中光勇，1995. 高流态混凝土用高贝利特水泥的质量标准及其使用规范的研究（1-5）//日本建筑学会大会报告概要（北海道）材料施工 [A]. 日本建筑学会.

王建国，周海龙，葛成龙，等，2021. 石粉对高强机制砂混凝土工作性能和力学性能的影响 [J]. 排灌机械工程学报，39（8）：804-810.

王可良，隋同波，刘玲，等，2010. 基岩-高贝利特水泥混凝土现场抗剪（断）性能 [J]. 硅酸盐学报，38（9）：1771-1775.

王可良，隋同波，许尚杰，等，2012. 高贝利特水泥混凝土的断裂韧性 [J]. 硅酸盐学报，40（8）：1139-1142.

王鹏飞，刘有志，樊义林，等，2018. 低热水泥混凝土在特高拱坝中应用的可行性分析 [J]. 水利水电技术，49（9）：191-198.

王显斌，成希弼，倪竹君，等，2008. 溪洛渡水电站工程大坝用中热水泥的质量要求及生产措施 [J]. 水泥（11）：16-18.

王霄，樊义林，段兴平，2017. 白鹤滩水电站导流洞衬砌混凝土温控限裂技术研究 [J]. 水电能源科学（5）：77-82.

王昕，白显明，刘晨，等，2004. 颗粒形貌对水泥性能的影响 [J]. 硅酸盐学报，32（4）：448-453.

王振地，黄文，王敏，等，2022. 矿物组成对低热硅酸盐水泥抗海水侵蚀性能的影响 [J]. 中国建材科技，31（2）：32-35.

温济中，1957. 三门峡水电站的水工混凝土 [J]. 水力发电（14）：23-27.

谢泽，王旭辉，2021. 白鹤滩的 N 个世界之最 [J]. 中国三峡（9）：56-69.

徐俊杰，吴笑梅，樊粤明，2008. 低热硅酸盐水泥道路混凝土性能的研究 [J]. 水泥（7）：6-9.

徐俊杰，2008. 低热硅酸盐水泥配制道路混凝土的性能研究 [D]. 广州：华南理工大学.

杨华全，李文伟，王迎春，等，2007. 低热硅酸盐水泥在三峡工程中的应用 [J]. 人民长江，38（1）：10-13.

杨华全，李文伟，2005. 水工混凝土研究与应用 [M]. 北京：中国水利水电出版社.

杨南如，岳文海，2000. 无机非金属材料图谱手册 [M]. 武汉：武汉工业大学出版社.

杨钱荣，张树清，杨全兵，等，2008. 引气剂对混凝土气泡特征参数的影响 [J]. 同济大学学报（自然科学版），36（3）：374-378.

殷海波，李洋，王述银，等，2019. 粉煤灰中残留氨含量对混凝土性能影响 [J]. 水力发电，45（5）：118-123.

袁美栖，1984. 吉林白山大坝混凝土自生体积膨胀机理的研究 [J]. 南京工业大学学报（自然科学版）（2）：38-45.

张红波，刘磊，刘佳辉，2022. 颗粒级配对水泥物理性能影响的试验研究 [J]. 新世纪水泥导报（3）：11-14.

张文斌，1982. 丹江口水利枢纽混凝土坝工程质量初步评价 [J]. 人民长江（4）：39-50.

赵海军，2016，朱亚冲，叶金库，等. 混凝土抗冻性与气泡特征参数研究［J］. 低温建筑技术（9）：1-2.

中国三峡建设管理有限公司. 一种大中型水电工程用萘系高效减水剂中葡萄糖酸钠分解的抑制方法：202010322675. 3［P］. 2022-04-08.

中国三峡建设管理有限公司. 一种高强高抗裂抗冲磨混凝土及其制备方法：202011085321. 8［P］. 2022-06-24.

中国三峡建设管理有限公司. 一种提高拖模或翻模浇筑大体积混凝土施工效率的方法：202010989505. 0［P］. 2022-11-04.

中国土木工程学会，2005. 混凝土结构耐久性设计与施工指南：CCES 01—2005［S］. 北京：中国建筑工业出版社.

中国长江三峡集团公司，2013. 中国三峡集团低热水泥应用成果汇编［R］. 北京：中国长江三峡集团公司.

中国长江三峡集团有限公司，2015. 拱坝混凝土用低热硅酸盐水泥技术要求及检验：Q/CTG 13—2015［S］. 北京：中国长江三峡集团有限公司.

中国长江三峡集团有限公司，中国水利水电科学研究院，长江水利委员会长江科学院，中国建筑材料科学研究总院，中国电建集团华东勘测设计研究院有限公司，2015. 水电工程低热硅酸盐水泥混凝土特性与应用关键技术［R］. 北京：中国长江三峡集团有限公司.

中国长江三峡集团有限公司，2015. 拱坝混凝土生产质量控制及检验：Q/CTG 12—2015［S］. 北京：中国长江三峡集团有限公司.

中国长江三峡集团有限公司，2015. 拱坝混凝土用粉煤灰技术要求及检验：Q/CTG 15—2015［S］. 北京：中国长江三峡集团有限公司.

中国长江三峡集团有限公司，2015. 拱坝混凝土用外加剂技术要求及检验：Q/CTG 18—2015［S］. 北京：中国长江三峡集团有限公司.

中国长江三峡集团有限公司，2015. 拱坝混凝土用细骨料技术要求及检验：Q/CTG 17—2015［S］. 北京：中国长江三峡集团有限公司.

中国长江三峡集团有限公司，2020. 水工低热硅酸盐水泥混凝土技术规范. Q/CTG 324—2020［S］. 北京：中国长江三峡集团有限公司.

中国长江三峡集团有限公司，2020. 水工混凝土用粉煤灰中铵的限值与检验规程. Q/CTG 319—2020［S］. 北京：中国长江三峡集团有限公司.

钟贻辉，2015. 对具有微膨胀特性的低热硅酸盐水泥的研究［J］. 水电站设计（1）：88-92.

邹吉仁，陈诗斯，豆倩文，等，2022. 机制砂石粉含量对水泥混凝土的影响研究［J］. 中国水泥（4）：112-115.

ACI 207. 1R-05，2005. Guide to Mass Concrete［R］. ACI Committee.

ASTM C150/C150M-18，2018. Standard Specification for Portland Cement［S］. West Conshohocken：ASTM International.

Barnes P，1983. Structure and Performance in Cements［M］. London：Applied Science Publishers.

Bogue R H，1947. The Chemistry of Portland Cement［M］. New York：Reinhold Publishing Corporation.

Bureau of Reclamation，1949. Cooling of Concrete Dams：Final Reports［R］. Bureau of Reclamation，Washington DC，USA.

Doruk P. 1991. Analysis of the laboratory strength data using the original and modified Hoek-Brown failure criteria［D］. Toronto：University of Toronto.

JIS R 5210-2009，2010. Portland Cement［S］. Japanese Standards Association.

Lerch W，Bogue R H，1934. Heat of hydration of Portland cement pastes［J］. Journal of research of the National Bureau of Standards, 12 (5): 645-664.

The Bureau of Reclamation, 2008. History Essays from the Centennial Symposium Volumes I and II [C]. Denver, Colorado.

TIMOTHY P D, 2010. Advances in Mass Concrete Technology-The Hoover Dam Studies [C] //75th Anniversary History Symposium of Hoover Dam, ASCE: 58-73.

Verbeck G J, Foster C W, 1950. Long-Time Study of Cement Performance in Concrete, Chapter 6, The Heats of Hydration of the Cements [J]. Proc. Am. Soc. Test. Mater (50): 1235-1257.

Woods H, Steinour H H, Starke H R, 1932. Effect of Composition of Portland Cement on Heat Evolved during hardening [J]. Industrial And Engineering Chemistry Research, 24 (11): 1207-1214.